JN098780

企業担当者のための

環境条例の基礎

調べ方のコツと規制のポイント

Adachi Hiroyuki

安達 宏之

［著］

第一法規

はじめに

　企業の環境法担当者を悩ますものの１つが、「環境条例」です。

　国の環境法が、ただでさえ対象範囲が広く、法改正も頻繁にあり、その管理に四苦八苦していることに加えて、地方自治体の環境条例にも対応しなければならず、全体の管理が行き届かないからです。条例を含む、法令原文を読み込むことに辟易しているかもしれません。

　本書では、企業の環境法担当者を対象に、条例の基礎から、分野ごとの環境条例の紹介まで、環境条例を管理していくうえで知っておくべきことをまとめました。

　第１部では、環境条例の基礎と調べ方を解説しています。第２部では、分野別の規制のポイントを示しています。

　また、できる限り、条例等の原文も紹介しました。規制を具体的にチェックするにはどうしても原文の確認が必要となりますが、苦手意識に負けて、それをしない担当者が多いからです。しかし、それでは正確な情報はつかめません。原文にある程度触れれば、それほど難しくないことに気づくはずです（慣れるはずです）。

　サステナブルな社会の構築に携わる皆さんに、本書が多少なりとも役に立つことを願っています。

　2021年１月１日

安達　宏之

目　次

※本書は、2020年12月15日までに、例規集等により条例等の内容を確認しています。

第 1 部

環境条例の
基礎と調べ方

第 1 章　環境条例の重要性と違反事例

1 ｜ 環境条例への不安

漠然とした不安を抱える企業担当者

　「環境条例への対応が不安」と感じている企業などの組織（以下、単に「企業」と略します）の環境法担当者は多いのではないでしょうか。

　企業の環境法担当者にとって「環境法」は重いテーマです。国の法律だけでも多種多様なものがあり、しかも法改正が激しく、自社が適切に対応するために日夜懸命に努力している人も少なくありません。

　しかも、環境法は、国の法律だけではありません。都道府県や市区町村の条例もたくさんあります。そうした地方自治体の環境条例への対応について漠然とした不安を持つという声がしばしば聞かれるのです。

　その理由については様々なことが考えられますが、筆者なりに整理すると3つあると思われます。

法令の基礎知識が足りない

　1つ目の理由は、そもそも法令の基礎知識が足りないということです。条例を含む、法令がどのような体系になっており、自社にどのように関係してくるのかという法令の基礎知識が欠けているために、対峙すべき対象の全体像をつかむことができず、漠然とした不安を感じているのではないかと思います。

　これは、個々の担当者にだけ問題があるという意味で指摘している
わけではありません。ほとんどの企業において、環境部門に配属され
る社員は法令に詳しいわけではないからです。どちらかといえば、法
律系よりも技術系の勉強をしてきた方が環境部門の担当者に配属され
ることが多く見られます。そうした方にとって、法令対応の仕事をす
ることにハードルの高さを感じてしまうことはやむを得ないことなの
です。これを是正するためには、担当者の法令に対する力量を向上さ
せるための仕組みが必要となりますが、未整備な企業が少なくありま
せん。

環境条例の調べ方がわからない

　2 つ目の理由は、自社に適用される環境条例にどのようなものがあ
るのかを調べる方法がわからないということです。

　国の環境法についても、その調べ方は決して簡単なものではありま
せん。ただし、各省庁のウェブサイトによるチェックや、ISO 審査機
関等による情報提供などによってある程度は調べることができます。
また、有料サービスによる情報提供もずいぶんと増えました。かつて
よりは調べやすくなってきています。

　一方、自治体の環境条例の調査方法は、依然として、国よりも難易
度は高いままと言えるでしょう。自治体の環境部門のウェブサイトを
見ても必要な情報が載っていないことは日常茶飯事です。公報や例規
集による調査もできますが、それを読みこなすには一定の力量が必要
となってきます。

環境条例の規制のポイントがわからない

　3 つ目の理由は、1 つ目と 2 つ目の理由とも関連しますが、環境条

例の規制のポイントがわからないということです。

　環境条例の規制には、地球温暖化、公害、廃棄物、化学物質、自然環境・生物多様性等の分野ごとに、様々なものがあります。その全体像や分野ごとの規制事項についての情報を把握していないために、現状の対応状況に不安を感じてしまうのです。

基礎知識を身につければ対策はできる

　以上の３つの理由は、環境条例の基礎知識が足りないという点に集約することができるでしょう。

　知識不足によって環境条例の対策に不十分さが生じているのであれば、逆に、環境条例への最低限の知識さえ身につければ、環境条例はそれほどおそれるものではないとも言えます。

　もちろん条例は自治体の法令ですので、自治体ごとに条例があります。その数は膨大なものになります。

　総務省によれば、全国の都道府県、市町村の数は次の通りです。

都道府県と市町村の数

自治体		数	
都道府県		47	
市町村	市	792	1,718
	町	743	
	村	183	

出典：総務省「本日の市町村数」より（2020.12.1確認）
https://www.soumu.go.jp/kouiki/kouiki.html

　自治体の規模等にもよりますが、例えば、都道府県であれば、１つの都道府県ごとに、少なくても数十の環境分野の条例や規則がありま

す。

　そのため、環境条例の基礎知識だけを把握すれば、自動的に、各自治体の条例情報を把握できるというわけではありません。しかし、後述するように、どの自治体でも、環境条例の構成と内容にはある程度の共通した傾向が見られます。そのため、環境条例の基礎知識を把握すれば、各自治体の条例情報を把握しやすくなるのです。

2 ｜ 環境条例の違反事例

　自社に適用される環境条例の規制を的確に把握し、それを遵守しなければ、条例違反に問われる事態になりかねません。ここでは、筆者がしばしば目撃する、次の 3 つの違反パターンの事例を紹介します。

3 つの違反パターン

1	既存の規制を知らずに違反する
2	新規制を知らずに違反する
3	市町村の規制を知らずに違反する

既存の規制を知らずに違反する

　1 つ目の違反パターンは、環境条例の既存の規制の存在を知らずに違反してしまうというものです。

　具体例として、兵庫県の「(兵庫県)環境の保全と創造に関する条例」を挙げてみましょう。これは、いわゆる生活環境保全条例の分野に位置付けられる条例です。生活環境保全条例は、公害や地球温暖化対策等まで幅広く規制するものです（条例名は地方自治体によって異なります）。

　兵庫県条例の場合もやはり広範囲の規制措置を講じています。例えば、工場・事業場の騒音規制について、国の騒音規制法では11種類の設備等に規制をしていますが、兵庫県条例の場合は実に44の設備等を独自に規制しているのです。独自規制の対象となっている設備には、「すべてのグラインダー（サンダー及び切断機を含み、工具用研磨機を除く。）」もあります。

　ある企業では、行政の立入調査の際に、グラインダーの届出漏れを指摘されていました。企業の担当者は、まさかこんな小さな設備まで規制対象になっているとは思わず、驚いていました。

新規制を知らずに違反する

　2つ目の違反パターンは、新条例や改正条例の制定により新たな規制が始まっていることを知らなかったというものです。

　国の環境法の規制では、毎年新法や改正法が続々と制定され、常に新規制があると言っても過言ではありません。このことは、実は、自治体の条例でも同じことが言えます。個々の自治体の規制が国の規制のように目まぐるしく変わるわけではありませんが、自治体の数が多いために、全国的には常に新規制がどこかの地域でスタートしているのです。

　東京都港区では、2020年3月に**「港区民の生活環境を守る建築物の低炭素化の促進に関する条例」**が制定されました。新築建築物の建築主や既築建築物の所有者に対して、低炭素化を促進する届出などが義務付けられます。新築の場合は、延べ面積に応じて環境性能の引き上げを促進する省エネルギー性能基準の遵守や、人工排熱基準の遵守なども義務付けられます。この条例は、2021年4月に本格施行されます。

　建築物への温暖化対策には、国の法律として、**「建築物のエネルギー消費性能の向上に関する法律」**（建築物省エネ法）や、東京都の条例として**「都民の健康と安全を確保する環境に関する条例」**（環境確保条例）による規制もあります。

　港区内で建築物の新築等を行う事業者は、建築物省エネ法や環境確保条例の規制だけでなく、港区の新条例の規制も把握し、対応しなければならないのです。

市町村の規制を知らずに違反する

　3つ目の違反パターンは、市町村の環境条例の規制を受けているにもかかわらず、それに気づかずに違反してしまうというものです。

　一般に、環境条例のうち、都道府県の条例が最も広範囲の分野に規制措置を講じ、規制内容そのものも厳しいと思われます。その次に厳しい規制をする自治体の種類としては、政令指定都市が挙げられるでしょう。ただし、だからと言って、それ以外の市町村に環境条例が無いわけではありません。

　例えば、山口県山口市の**「山口市廃棄物の処理及び清掃に関する条例」**では、3,000㎡以上の事業用建築物などの所有者に廃棄物管理責任者の届出などを義務付けています。国の**「廃棄物の処理及び清掃に関する法律」**（廃棄物処理法）は、詳細かつ厳しい廃棄物規制を課す法律として有名ですが、同法では、事業所の規模に応じて廃棄物に関する届出義務を課すということはありません。市町村条例にのみこうした規制が見られるのです。

　全国各地に大規模な事業所を持つ事業者が、この規制に気づかず、数多くの市町村条例に違反していたケースに接したとき、市町村条例に対応する大切さを筆者はつくづく感じたものです。

環境条例に的確に対応することの大切さを知る

　後述するように、条例も、国の法令と同様に、事業者に規制を及ぼす法令の１つです。違反すれば罰則が適用されることもあります。

　そうした自治体の条例の中に、環境条例が実に多く、かつ、その違反リスクも少なくないことを考えると、事業者には、まず環境条例に的確に対応することの重要性を認識することが求められます。

　また、前述した違反事例が示すように、環境条例の規制への対応は、何もしなくてもできるものではありません。国の法令対応と同じように、自治体の条例にも的確に対応するための仕組みづくりとその運用が不可欠なのです。

第2章　環境条例の基礎

1│条例とは何か

法令の種類

　本章では、そもそも条例とはどういうものであり、環境条例の全体像がどのようになっているかについて、基礎的な事柄を解説します。

　まずは、条例を含む「法令」とは何かという点を確認しておきましょう。

　「法令」とは、三省堂『大辞林（第三版）』によれば、「①おきて。のり。②法律と命令。地方公共団体の条例・規則や裁判所の規則などを含めていうこともある。」とされています。

　企業の環境法担当者の目線で考えると、次の図表のように法令を分類して捉えるとわかりやすいと思います。

法令の種類

	分類	内容
1	国の法令 【法律など】	・法律：国会が制定 ・政令・省令・告示等：法律の下位法令
2	地方自治体の法令 【条例など】	・条例：都道府県や市町村の議会等が制定 ・規則等：条例の下位法令
3	国際的な合意 【条約など】	・条約等：国と国、国と国際機関等の間で締結される国際的な合意

　法令は大きく３つに分類できます。

　１つ目は、国の法令であり、日本国全体に適用されるものです。これは、主に法律から成ります。法律は国会で制定されます。

　これに対して、政令や省令、告示などもありますが、これらは、法律の下位法令であり、法律を執行するための細かなルールだと考えるとわかりやすいでしょう。

　例えば、「水質汚濁防止法（昭和45年法律第138号）」は水質規制を行う最重要の法令となりますが、細かなルールは、その下位法令において定められています。下位法令とは、「水質汚濁防止法施行令（昭和46年政令第188号）」という政令や、「水質汚濁防止法施行規則（昭和46年総理府・通商産業省令第２号）」などの省令などを指します。

法律と条例に気をつける

　２つ目は、地方自治体の法令であり、その主なものはまさに条例です。**条例は、都道府県や市町村の議会等が制定**するものとなります。自治体は、義務を課し、又は権利を制限するには、原則として条例によらなければならないことになっています。

　３つ目は、国際的な合意であり、その主なものは条約となります。

　これは、主に国と国、国と国際機関等の間で締結される国際的な合意のことです。環境分野で有名なもので言えば、**「気候変動に関する国際連合枠組条約」** が挙げられます。

　条約は、国と国との合意であり、個別の企業を規制するものではありません。ある条約を締結した国が、その合意を遵守するために自国の企業活動を規制するときは、別途法律が定められることになります。したがって、事業者が特に注意すべき法令は、国と自治体の法令ということになるでしょう。

条例とは

　次に、国の法令と自治体の法令の関係について、もう少し詳しくみていきましょう。

　そもそも自治体の条例に関する基本的な規定は、わが国の最高法規である**日本国憲法**に次の通り書かれています。

日本国憲法における「条例」の位置付け

根拠規定	内容
第92条	地方公共団体の組織及び運営に関する事項は、<u>地方自治の本旨</u>に基いて、法律でこれを定める
第94条	地方公共団体は、その財産を管理し、事務を処理し、及び行政を執行する権能を有し、<u>法律の範囲内で条例を制定することができる</u>。

備考：下線は筆者。

　憲法第92条では、「地方公共団体」（都道府県や市町村等を指します）に関する事項ついて「地方自治の本旨」に基づき法律で定めることが規定されています。

　「地方自治の本旨」とは、住民自治と団体自治の２つの要素から成るものです。住民自治とは、住民の意思に基づき自治が行われることであり、団体自治とは、国から独立した団体が自らの意思で自治を行うことです。

　その上で、憲法第94条では、自治体が**「法律の範囲内」で条例を制定することができる**ことを認めています。

　また、憲法第94条を受けて、地方自治法では次の条文が設けられています。

地方自治法における「条例」の位置付け

根拠規定	内容
第14条 1 項	普通地方公共団体は、法令に違反しない限りにおいて第 2 条第 2 項の事務に関し、条例を制定することができる。
第14条 2 項	普通地方公共団体は、義務を課し、又は権利を制限するには、法令に特別の定めがある場合を除くほか、条例によらなければならない。
第14条 3 項	普通地方公共団体は、法令に特別の定めがあるものを除くほか、その条例中に、条例に違反した者に対し、 2 年以下の懲役若しくは禁錮、100万円以下の罰金、拘留、科料若しくは没収の刑又は 5 万円以下の過料を科する旨の規定を設けることができる。

備考：下線は筆者。

　第14条 1 項は、まさに憲法第94条を受けて設けられた規定です。国の法令に違反しない限り、（憲法第92条の「地方自治の本旨」を踏まえて）自治体は条例により独自の規制を行ってよいということです。その意味では、環境条例の規制内容が独自色にあふれていることは、法令の想定内であると言えるでしょう。

規則とは

　自治体の法令では、「条例」とともに「規則」もよく登場してきます。「規則」については、地方自治法第15条 1 項において、「普通地方公共団体の長は、法令に違反しない限りにおいて、その権限に属する事務に関し、規則を制定することができる。」と定められています。

　環境条例の場合、例えば、「生活環境保全条例（○○年条例第○号）」の細かなルールとして、「生活環境保全条例施行規則（○○年規則第○号）」が定められるなど、条例の下位法令として機能していること

が多いと言えるでしょう。

　ちなみに地方自治法第15条 2 項では、「普通地方公共団体の長は、法令に特別の定めがあるものを除くほか、普通地方公共団体の規則中に、規則に違反した者に対し、 5 万円以下の過料を科する旨の規定を設けることができる。」とも定められています。**「過料」**とは、法令違反への金銭罰ですが、懲役や罰金などの刑罰ではありません。法令秩序を維持するために違反者に制裁として科すものです。

要綱とは

　環境条例の分野では「要綱」と呼ばれる文書もよく見られます。

　「要綱」は、行政機関内部の規律を定めたものです。行政の内部文書だと思えばよいでしょう。条例と異なり、住民や事業者への法的拘束力はありません。

　ただし、事実上、事業者等に対して個別具体的な事柄を要求する要綱も見られるので、注意が必要です。

　例えば、福島県には、**「福島県産業廃棄物処理指導要綱」**（平成30年 4 月・福島県生活環境部産業廃棄物課）という要綱があります。その中には、排出事業者に対して産業廃棄物処理場への実地確認を求めるという次の条文があります。福島県議会で定められた条例ではなく、法的拘束力がないとはいえ、これに従わないという選択をする事業者はなかなかいないのが現実です。

要綱の条文の例

（福島県産業廃棄物処理指導要綱（平成30年4月・福島県生活環境部産業廃棄物課）第6条抜粋）

5　事業者は、その産業廃棄物の処理を委託する場合には、政令第6条の2又は政令第6条の6に規定する基準のほか次によるものとする。

⑴　委託しようとする処理業者にあらかじめ省令第10条の2、省令第10条の6、省令第10条の14又は省令第10条の18の規定により交付された許可証（以下「許可証」という。）の提示を求めてその事業の範囲を確認するとともに、当該処理業者が設置している産業廃棄物の処理施設の現況等について実地に調査を行い、処理を委託しようとする産業廃棄物が遅滞なくかつ適正に処分できる状態であることを確認した上で、書面により委託契約を締結すること。

⑶　産業廃棄物の処理を委託した後において、その処理が適正に行われるように当該処理業者の処理の状況を実地調査により確認し、その処理が適当でないと認めた場合は、当該処理業者に対し適正な処理を行うように指示すること。

出典：福島県（下線は筆者）
https://www.pref.fukushima.lg.jp/uploaded/attachment/263372.pdf

条例の本質とは

　地方自治法第14条2項では、条例の本質を定めています。**条例とは、「義務を課し、又は権利を制限する」もの**だということです。唯一、条例によってのみ、自治体は事業者を規制できるのです。

　ちなみに、時折、条例に基づくことなく、自治体が事業者に対して「要請」等の名目のもとで、事実上の強制を強いる場面を見ることもあります。しかし、これは、本来的には地方自治法第14条2項の趣旨には反することになるでしょう。

　また、地方自治法第14条3項では、条例に違反した場合の罰則について定められています。

　条例を読むと、その最終章に罰則が定められていることがありま

す。法律に違反しない限り自由に条例を制定できることが原則となるものの、罰則の量刑を自由に設定することはできず、第14条3項の範囲内で定めることになっています。

法律にぶら下がらない条例

　多くの企業では、ISO14001やエコアクション21などの外部認証の対策の一環として、自社に適用される環境法・条例の規制をリスト化した法規制の一覧表を作成し、管理しています。そうした一覧表は「法規制登録簿」などと呼ばれていることが多いと思います。

　筆者が企業を訪問し、こうした法規制登録簿を確認すると、条例の規制の記述の仕方について時々、気になることがあります。

　前述した通り、自治体は、法律に違反しない限りにおいて、独自の規制を定めることができます。換言すれば、条例の個々の規制が、国の法律の体系にきれいにぶら下がっているわけではないということです。ところが、法規制登録簿では、法律の中に条例の記述を含める体裁にしていることがあるのです。

法規制登録簿では法律と条例を書き分ける

　1つの例を挙げて説明しましょう。国の「エネルギーの使用の合理化等に関する法律」（省エネ法）では、エネルギーを大量に使用する事業者に対して、省エネの計画や報告などを義務付けています。また、国の「地球温暖化対策の推進に関する法律」（温暖化対策推進法／温対法）では、省エネ法対象事業者などを対象に、温室効果ガス排出量の報告を義務付けています。

　一方、自治体の地球温暖化対策条例では、これらの法令の対象事業者などを対象に、地球温暖化対策計画や取組みの報告などを義務付け

ているものがあります。

　国の省エネ法・温対法と自治体の温暖化対策条例は別々の法令です。それぞれの法令に基づき、それぞれ届出等が義務付けられているのです。2つの法令の適用を受ける事業者は、本来は別々に管理すべきなのですが、法規制登録簿では、両者を同一のものとして管理しているケースが時折見かけられます。あたかも、省エネ法の下位法令として温暖化対策条例を位置付けているのです。

　これでは、どちらかの届出をすればよいと誤解しかねません。やはり、法体系における条例の独自性を認識し、原則として、法規制登録簿でも別々に管理すべきでしょう。

事実上、法律の下位法令となる条例も

　ただし、法律の規定に基づき、国の法令の規制の詳細を定める条例も存在します。そうした条例の場合は、例外として、法規制登録簿では上位の法律と一体化して管理してもよいでしょう。

　例えば、**下水道法**では、公共下水道管理者に対して、除害施設の設置義務や下水水質基準の設定などを条例で定めることを認めています（下水道法第12条1項、第12条の2第3項参照）。

　これを受けて、自治体の下水道条例では、除害施設の設置を義務付ける規定や独自の下水水質基準を定める規定を設けていることがあります。

2 ｜ 環境条例はどのような分類か

環境条例の全体像

　地方自治体ごとに、環境条例はどのような分類になっているのか。

その全体像を筆者なりにまとめてみると、次の図表の通りとなります。

環境条例の全体像

	条例	規則	告示	要綱等
基本	例：環境基本条例			
公害 （大気・水質・土壌・騒音・振動・悪臭・地盤沈下）	例：生活環境保全条例、 　　公害防止条例	‥‥‥	‥‥‥	‥‥‥
化学物質	例：生活環境保全条例、 　　公害防止条例	‥‥‥	‥‥‥	‥‥‥
廃棄物	例：産業廃棄物処理条例、 　　生活環境保全条例	‥‥‥	‥‥‥	‥‥‥
地球温暖化	例：温暖化対策条例、 　　生活環境保全条例	‥‥‥	‥‥‥	‥‥‥
生物多様性	例：自然環境保全条例	‥‥‥	‥‥‥	‥‥‥

　すでに述べているように、条例は、各自治体が独自に制定できるものなので、全ての自治体に共通する分類又は体系が存在するわけではありません。ただし、各自治体の環境条例を見ていると、ある程度共通した分類や体系があることに気づくと思います。それをまとめたのがこの図表です。

　表の縦軸は、分野です。環境条例を分野で分けていくと、基本、公害、化学物質、廃棄物、地球温暖化、生物多様性に分けることができます。

　表の横軸は、自治体ごとの法令の、いわば上下関係です。地方議会で制定される最も重要な条例を頂点に、その下位法令等となる規則などが続きます。さらに、事業者に対して事実上の強制力を持つこともある要綱等もあります。

分野ごとに様々な条例

　基本の分野には、多くの自治体において環境基本条例が定められています。これは、環境施策を講じるに当たっての基本理念や自治体や事業者、住民などの責務を定めるとともに、環境施策の基本的方向性などが定められた理念的な条例です。事業者に対して個別具体的な規制措置を定めているわけではありません。

　一方、事業者への規制措置を含む、広範な規制措置を定めているのは、生活環境保全条例（公害防止条例）です。名称は自治体によって様々ですが、「環境保全」や「公害防止」の用語が含まれていることが一般的であると言えるでしょう。

　この条例は、まず、公害規制に関する規定を設けています。公害規制のみの場合、その条例の名称は「公害防止条例」となることが多いと言えます。この公害規制に加えて、化学物質対策や廃棄物対策、温暖化対策なども含めて定めている場合は、「生活環境保全条例」などと呼ばれるのが一般的です。

　廃棄物対策や温暖化対策、自然環境保全対策については、それぞれ独立した条例を制定する自治体もあります。

　以上のような分野ごとに条例が制定され、個々の条例の下に、関連規則や告示等が制定されているのが、自治体ごとの環境条例の全体像と言えるでしょう。

なぜ環境条例は複雑なのか

　各地の環境条例を調べる企業担当者がしばしば抱く疑問の1つとして、「なぜ、環境条例の規制はこれほどまでに細かく、自治体によってバラバラなのか」という疑問があるようです。

　確かに、自治体によって、工場の設置が許可制である場合とそうで

はない場合があったり、騒音規制の対象施設が自治体によって大きく異なっていたりします。素朴に、法律で一律に規制する体系のほうがよいのではないかと思う企業担当者も少なくないはずです。

　筆者自身も、自治体を含む、現在の日本の環境規制は複雑であり、改善の余地が大きいと思っています。ただし、この複雑になった原因を単に自治体側の問題と捉えるべきではありません。歴史的な経緯から、やむを得ない事情があるからです。

　そもそも、環境法令の制定は、国よりも自治体が先行してきました。細かな歴史については次節で取り上げますが、公害による住民の健康被害や生活環境の破壊に直面した自治体が、国が法律を制定するよりも早く条例を制定してそれらを規制したのです。その後、多くの自治体が同様の条例を制定した後、ようやく国が重い腰を上げて法律を制定していきました。

　国が法律を制定するときは、その時点ですでに存在していた様々な条例の規制のうち、最も厳しい規制を採用することはあまりないと言えるでしょう。そうなると、法律が制定されても、その法律の規制よりも厳しい規制措置を講じる条例は残ることになります。こうして、全国に一律に適用される法律と、それとは別に、各地の条例が並立することになったと思われます。

3 ｜「歴史」から環境条例のポイントを理解する

日本の環境法は自治体から始まった

　環境条例の特徴を把握するために、次の年表を見ながら、環境条例と国の環境法の歴史を振り返ってみましょう。

環境条例と国の環境法の歴史

年	環境条例の動き	国の環境法の動き
1949	東京都工場公害防止条例制定（その後、大阪府などで制定へ）	
1954	東京都騒音防止条例制定	
1955	東京都ばい煙防止条例制定	
1958		水質二法制定
1962		ばい煙規制法制定
1967		公害対策基本法制定
1969	東京都公害防止条例制定 工場設置の認可制導入、規制基準を国よりも強化	
1970		公害国会。公害対策基本法改正、経済調和条項の撤廃などで規制強化へ。その他、13の規制法が制定・改正
1971	全都道府県で公害防止条例制定	環境庁発足
1976	川崎市環境アセス条例制定（その後、北海道、神奈川県、東京都などで制定へ）	
1983		環境アセス法廃案へ
1993		環境基本法制定 （公害対策基本法廃止）
1997	神奈川県、公害防止条例を全面改正し、生活環境保全条例制定（他県でも同様の動きへ）	環境アセス法制定
1998		温暖化対策推進法制定
2000	東京都、公害防止条例を全面改正し、環境確保条例制定（温暖化対策計画書制度創設）	
2001		環境省発足

2002	千葉県、廃棄物処理適正化条例制定（他県でも同様の動きへ）	土壌汚染対策法制定
2003	愛知県、廃棄物適正処理条例制定	
2004	京都市、地球温暖化対策条例制定（他県でも同様の動きへ）	
2008	東京都、環境確保条例を改正し、大規模事業所への温室効果ガス排出量総量削減義務を導入へ（2010〜）	
2013		フロン排出抑制法制定（フロン回収破壊法を改正）
2016	徳島県、「徳島県脱炭素社会の実現に向けた気候変動対策推進条例」制定	

出典：2000年までの事項については、北村喜宣『自治体環境行政法（第8版）』（第一法規・2018年）を基に、主に工場・事業場規制の視点からまとめた。その後の事項については、筆者が独自にまとめた。

　もともと日本には、環境法令はありませんでした。それが、大都市を中心に公害が社会問題化するにつれて、徐々に整備されてきたのです。

　1949年に東京都工場公害防止条例が、1954年に東京都騒音防止条例が、さらに1955年には東京都ばい煙防止条例が制定されました。いずれも東京都の条例です。また、**大都市を中心に公害防止条例の制定**が続きました。

　1958年、千葉県の浦安において、製紙工場の汚水に反対する漁業者の騒動が起きたことがきっかけで、いわゆる**「水質二法」**（正式名称は、「公共用水域の水質の保全に関する法律」と「工場排水等の規制に関する法律」）が制定されました。

　1962年には「ばい煙の排出の規制等に関する法律」（ばい煙規制法）が制定され、さらに1967年には**公害対策基本法**が制定され、ようやく

国においても公害対策に関する基本的な法令が整備されたことになります。

　一方、地方自治体の動きは、国の動きよりも厳しい規制措置を講じるものでした。東京都では、1969年に東京都公害防止条例を制定し、特に工場設置について許可制を導入するという厳しい内容でした。

1970年　公害国会

　各地で激甚型の公害が相次ぎ、また、自治体の公害規制の動きが急速に広がる中で、1970年、日本の環境法が大きく変わります。

　1970年の通常国会は**「公害国会」**と呼ばれ、改正公害対策基本法、水質汚濁防止法、廃棄物処理法など、環境分野で実に14の新法・改正法が制定されたのです。こうして、現在につながる国の環境法の体系がようやく整備されたのです。

　1971年までにはすべての都道府県において公害防止条例が制定されました。国の環境法だけでなく、自治体の環境条例が並立する関係がすでにこの時期には出来上がっていたと言えるでしょう。

公害防止から環境保全へ

　2000年前後、環境条例は再び大きく動き出します。

　1997年、神奈川県は、公害防止条例を全面改正し、**「神奈川県生活環境の保全等に関する条例」（生活環境保全条例）**を制定しました。公害だけでなく、化学物質や廃棄物、地球環境保全など、その他の環境保全も視野に入れた対策を推進していくことにしたのです。この動きは、他の自治体にも波及していきます。2000年には、東京都も公害防止条例を**「都民の健康と安全を確保する環境に関する条例」（環境確保条例）**に衣替えしました。

　廃棄物対策条例の制定が目立つのもこの時期です。2002年には、千葉県が**「千葉県廃棄物の処理の適正化等に関する条例」（廃棄物処理適正化条例）**を、2003年には、愛知県が**「廃棄物の適正な処理の促進に関する条例」（廃棄物適正処理条例）**をそれぞれ制定しています。

　さらに、**地球温暖化対策条例**の制定も相次ぎました。2004年には、京都市が**京都市地球温暖化対策条例**を制定し、その後、多くの都道府県において、温暖化対策条例の制定や生活環境保全条例の改正によって温暖化対策が導入されていきました。

　このように、わが国の環境法の歴史では、国だけでなく、自治体も主要なプレーヤーなのです。

4 | 「上乗せ」「横出し」とは何か

上乗せとは

　条例の話をしていると、「○○県では、上乗せ規制があるよね。」などと「上乗せ」という言葉が時折登場します。

　また、時には「横出し」や「裾切り」、「裾下げ」などの言葉も出てきて、どのように理解すればよいのか混乱する方もいるのではないでしょうか。ここでは、環境条例の議論でしばしば出てくる用語について解説します。

　まず、これらの用語をイメージとしてまとめた図を次の通り示します。

「上乗せ」などの用語

※ただし厳密な定義はなく、人によって用語の使い方は様々である。

　いずれの用語も、厳格に定義付けられたものではありません。「地方自治体の条例の規制を頭の中で整理するときに使う便利な用語」であると捉えるとよいでしょう。

　まず、**「上乗せ」とは、条例が、法律と同じ目的で、法律よりも厳しい規制を課すこと**です。上記の図の左上にあるように、法律の規制値よりも厳しい値を条例で設定することなどをいいます。

　例えば、大気汚染防止法のばい煙排出基準や、水質汚濁防止法の排水基準などでは、物質ごとに様々な規制値が設定されています。これよりも厳しい規制値を条例で設定することを「上乗せ規制」又は「上乗せ基準」などと呼ぶことがあるのです。

横出しとは

　これに対して、**国の法律では何ら定めていない項目を条例で独自に規制すること**を「横出し」といいます。

　「横出し」の具体例としてよく紹介されるものとして、和歌山市の水質規制があります。国の水質汚濁防止法では、排水基準の遵守が義

務付けられ、様々な項目が設定されています。しかし、排水の「色」については未規制です。

これに対して、**「和歌山市排出水の色等規制条例」**では、名称の通り、「色」そのものを規制しているのです。具体的には、公共用水域に排水する工場・事業場が、「紡績業又は繊維製品の製造業若しくは加工業の用に供する染色施設」など6種類の施設を設置しようとするときは届出を行い、条例の定める規制基準を遵守しなければなりません。この規制基準では、「排水口における排出水の着色度は、日間平均値80(最大値120)以下」という色の規制基準などが定められています。

前述したように、兵庫県が、国の騒音規制法の規制対象外のグラインダーについて、条例によって騒音規制の対象にしていますが、これも「横出し」といえるでしょう。

「上乗せ」の意味は様々

ただし、「上乗せ」も、「横出し」も、厳密な定義のある用語ではないので、これら用語を使用する人によって、使い方は様々です。いま紹介した、和歌山市の色規制や兵庫県の騒音規制についても、「条例による上乗せ規制だ」という言い方をする人もいることでしょう。つまり、**「上乗せ」という用語を、「横出し」も包含した広義の用語として使用する場合もあります。**

時折、企業の環境法担当者によっては、自社に適用される条例について、「上乗せ」と「横出し」の用語を駆使し、厳密に整理しようとする方もいますが、上記の通り、もともとこれらの用語には曖昧さがあるので、管理ツールとして使用するにはやや無理が出ると思われます。あくまでも、各人の「頭の整理」用として、これら用語を使用す

ることが賢明ではないでしょうか。

裾切りとは

　前述の図にあるように、このほかに、「裾切り」や「裾下げ」という用語もよく使用されます。

　「裾切り」とは、一定規模以下のものを規制対象としないことです。例えば、水質汚濁防止法の排水基準では、１日当たり50㎥以上の排水をする場合、生活環境項目の排水基準を適用することになっています。

　逆に言えば、50㎥未満の排水にとどまっている場合は、特定施設を設置しているとしても、生活環境項目の排水基準を遵守しなくても法違反にはなりません。それに伴い、その測定義務もありません（なお、特定施設設置等の届出義務は免除されませんし、排水中に有害物質が含まれている場合は、排水量にかかわらず、有害物質の排水基準の遵守と、その測定義務はあります）。

　こうした規制について、「水質汚濁防止法の生活環境項目の排水基準は、『50㎥』で裾切りしている」などと「裾切り」という用語で表現するのです。

裾下げとは

　こうした**国の規制に対して、自治体が条例によって、その「裾」を下げる**ことがあります。例えば、前述の排水基準について、「50㎥」では規制が緩いので、条例によって「20㎥」などに下げる場合があります。これが、「裾下げ」と呼ばれるものです。

　どちらの用語も、国や自治体の規制を理解するうえでわかりやすいものですが、「上乗せ」や「横出し」と同様に、厳密な定義があるも

のではありません。条例規制について頭で整理したり、社内教育の際に説明したりするときに使用するとよいでしょう。

法律における「上乗せ」容認の規定

　ところで、国の環境法には、自治体が条例によって上乗せ規制を行うことを明示的に認めているものもあります。

　例えば、大気汚染防止法には、次の条文があります。

大気汚染防止法における上乗せ条例を容認する規定

根拠規定	内容
第 4 条 1 項	都道府県は……その自然的、社会的条件から判断して、ばいじん又は有害物質に係る……排出基準によつては、人の健康を保護し、又は生活環境を保全することが十分でないと認められる区域があるときは……条例で……排出基準にかえて適用すべき同項の排出基準で定める許容限度よりきびしい許容限度を定める排出基準を定めることができる。

　このように、大気汚染防止法では、都道府県に対して、条例を定めることによって、同法に基づく排出基準よりも厳しい独自の排出基準を定めることができることを認めています。こうした規定は、水質汚濁防止法にもあります。

　ちなみに、国の法律でこのように明記しなければ条例の独自規制ができないという意味ではありません。あくまでもそうしたことが条例もできるということを念のために確認した規定にすぎません。

　実は、かつて、条例によって国の規制基準よりも厳しい規制基準を設けることができるのかどうかについて争いがありました。そこで、こうした条文をわざわざ設けて、問題ではないことを確認したので

す。

　実際に、多くの都道府県が大気汚染防止法の上乗せ排出基準を定めています。筆者が調べただけでも、秋田・福島・茨城・栃木・群馬・埼玉・千葉・東京・神奈川・新潟・富山・愛知・三重・滋賀・兵庫・奈良・岡山・徳島・愛媛の各都県において、条例によって上乗せ排出基準が定められていました。

　水質汚濁防止法の排水基準よりも厳しい上乗せ排水基準になると、実に全都道府県が何らかの基準を定めています。

5 ｜ 環境条例の特徴

1つの条例で規制を束ねる

　ここで、環境条例の特徴をいくつか挙げておきましょう。

　主に、個々の都道府県の環境条例を想起しつつ、その全体像を示すと、次の図表の通りです。

　地方自治体では、国の環境法と比べると、大気汚染や水質汚濁など、個々のテーマごとに条例をつくらずに、「環境」を1つのテーマとして条例をつくることが多いと言えます。

　例えば、「大気汚染」に関する国の法律は、言うまでもなく、大気汚染防止法です。また、「水質汚濁」であれば、水質汚濁防止法、「廃棄物」であれば、廃棄物処理法があります。いずれも、1つのテーマに主に1つずつの法律が制定されています。

　これに対して多くの自治体では、1つひとつのテーマごとに条例をつくるケースはほとんどありません。多くの場合は、**公害を大きな1つのテーマとして条例をまとめています。**「○○県公害防止条例」や「○○県生活環境保全条例」となります。

個々の自治体における環境条例の全体像と特徴

1　生活環境保全条例

・かつての公害防止条例（現在でも公害防止条例のままの自治体も）
・多くの自治体で公害防止条例を改正し、公害対策にその他環境政策を追加
・67の自治体（都道府県（47）・政令指定都市（20））のうち、60自治体で制定（47都道府県はすべて）
・公害規制では、大気・水質・騒音・振動について、ほぼ全ての都道府県に、国の法律の対象施設以外の施設に対して届出・規制基準遵守などを義務付け
・地球温暖化対策の規制があることも（別条例の場合も）
・廃棄物規制があることも（別条例の場合も）
・その他、化学物質、自然環境など規定があることも

2　温暖化対策条例

・生活環境保全条例とは別に、大規模排出事業者への計画書提出制度などを規定

3　廃棄物対策条例

・排出事業者への処理委託先への実地確認義務など、独自規制が多い

　また、公害規制では、大気・水質・騒音・振動の分野において、国の法律の対象施設以外の施設に対して届出や規制基準遵守等の義務が定められています。

　さらに、前述した通り、近年では、公害防止条例を衣替えさせて、生活環境保全条例をつくる自治体が増加しています。つまり、地球環境保全や事業者の環境管理、化学物質対策、廃棄物対策など、公害対策以外のテーマも追加して**公害防止条例から生活環境保全条例にバージョンアップ**しているのです。

　生活環境保全条例と公害防止条例については、現在、すべての都道府県において制定されています。政令指定都市でも多数の生活環境保

全条例があります。

温暖化や廃棄物で単独条例も

　こうした生活環境保全条例には、地球温暖化対策や廃棄物対策が盛り込まれていることもあります。

　ただし、**温暖化対策と廃棄物対策は、近年の自治体にとって環境対策の 2 大テーマ**です。そこで、自治体によっては、生活環境保全条例の中に位置付けるのではなく、いわば独立させて、単独条例で定めているケースも見られます。

　温暖化対策の条例では、大規模に温室効果ガスを排出する事業者に対して、対策計画書の提出や実施状況の報告などを義務付ける規制がよく見られます。

　廃棄物対策の条例の内容は、自治体によって多岐にわたりますが、例えば、排出事業者に対して、産業廃棄物処理場への実地確認を義務付けるなど、厳しい規制が注目されます。

第3章　環境条例の調べ方

1 ｜ 環境条例の特徴から調べ方を考える

都道府県と市町村それぞれの条例を調べる

　地方自治体によって、環境条例の名称や規制の仕方は様々です。したがって、その調べ方も確定した方法があるわけではありません。

　しかし、条例は法令の１つであり、制定のされ方にルールがあります。また、前章で取り上げたように、環境条例には特徴があります。これらを踏まえて調べていけば、ある程度、抜け漏れを防ぎながら、環境条例を把握することが可能となるでしょう。

　まず、条例とは、言うまでもなく、都道府県や市町村でそれぞれ定められるものです。当たり前ですが、工場・事業場は、ある都道府県の中におけるある市町村の中に所在することになります。そうなると、該当する都道府県の条例と、市町村の条例の適用を受けることになりますから、工場・事業場が１カ所であれば、最低１つの都道府県と１つの市町村の条例を調べる必要があるということになります。

生活環境保全条例を中心に調べる

　該当する都道府県と市町村それぞれの環境条例を調べるには、どうすればよいか。ここは、前章で解説した環境条例の特徴を踏まえて調べることが求められます。

　前章の通り、各自治体の環境条例は、生活環境保全条例（公害防止条例を含む）、地球温暖化対策条例、廃棄物対策条例の、大きく３つ

の条例に分けられることが一般的です。条例を調べる際も、この3つに分けて調べていくことが最も効率的な方法だと思われます。

　生活環境保全条例（公害防止条例）を調べるときは、まずは、独自の公害規制にどのようなものがあるかを把握します。その上で、化学物質対策や自然環境保全対策、温暖化対策、廃棄物対策などにおいてどのような独自規制があるかを把握します。

温暖化と廃棄物の条例を調べる

　生活環境保全条例を調べた後は、次に温暖化対策に関する条例がないかどうかを調べるとよいでしょう。市町村ではあまり制定されていませんが、都道府県にはこの分野の条例が少なくありません。

　条例の名称の多くは、「地球温暖化」の名称が含まれています。ただし、最近では、「脱炭素」という名称も登場してきました。

　さらに、廃棄物対策に関する条例を調べます。廃棄物は、廃棄物処理法によって、産業廃棄物と一般廃棄物に大別されます。このうち、主に都道府県において産業廃棄物対策に関する条例が、市町村において一般廃棄物対策に関する条例が定められていることがあります。

　これは、理由がはっきりしており、都道府県の場合は廃棄物処理法に基づき、産業廃棄物に関する権限を多く持ち、一方、一般廃棄物の処理責任は市町村とされ、市町村が一般廃棄物に関する多くの権限を持っているからです。

　このように、各自治体の環境条例を調べるときには、**所在する都道府県と市町村ごとに、①生活環境保全条例（公害防止条例）、②温暖化対策条例、③廃棄物対策条例の3点を中心に調べる**とよいでしょう。

2 ｜ 個々の都道府県・市町村の環境条例の全体像

埼玉県の環境条例

　これまで企業から見た地方自治体における環境条例の全体像がどのようになっているのかを、やや抽象的に述べてきました。ここでは、いくつかの都道府県や市町村を取り上げて、具体的に述べていきましょう。

　まず、埼玉県における環境条例の全体像です。

　埼玉県の環境条例において中心を占める条例は、**埼玉県生活環境保全条例**です。公害規制はもちろんのこと、廃棄物の発生抑制に関する事項なども定められています。

　公害規制としては、この他に、大気汚染防止法や水質汚濁防止法の規制基準に上乗せをする、上乗せ条例もあります。名称は、**「大気汚染防止法第四条第一項の規定に基づき、排出基準を定める条例」**と**「水質汚濁防止法第三条第三項の規定に基づき、排水基準を定める条例」**と言います。また、土壌関係の規制として、**「埼玉県土砂の排出、たい積等の規制に関する条例」**があります。

　さらに、**埼玉県地球温暖化対策推進条例**があり、温室効果ガスを多量に排出する事業者への規制があります。

　廃棄物対策については、生活環境保全条例とは別に、**「廃棄物の処理及び清掃に関する法律施行細則」**があります。本細則は、国の廃棄物処理法を県において実施するためのルールとなるものですが、これをよく読むと、特別管理産業廃棄物を排出する事業場に対して、特別管理産業廃棄物管理責任者の選任や変更等について30日以内に県に報告を義務付ける規定があるので、注意が必要です（本細則第14条１項）。

　また、「埼玉県県外産業廃棄物の適正処理に関する指導要綱」があり、県外産業廃棄物の搬入手続きを定めています。

　ちなみに、自治体の環境条例を調べるとき、しばしば「要綱」が登場します。これは、条例ではなく、行政機関が指導を行う場合の要領等を定めたものです。したがって、形式的には事業者を規制するものではないですが、「指導」という形であっても事実上、事業者にとっては従わざるを得ないものとして機能していることがあるので、無視できないものと言えるでしょう。

　以上の他に、**埼玉県環境基本条例**や**埼玉県環境影響評価条例**、**埼玉県自然環境保全条例**、**埼玉県立自然公園条例**、「**埼玉県希少野生動植物の種の保護に関する条例**」、「**ふるさと埼玉の緑を守り育てる条例**」、**埼玉県水源地域保全条例**などがあります。

大阪府の環境条例

　大阪府の場合、埼玉県と同様に、生活環境保全条例があり、広範囲な環境規制を実施しています。その正式名称は、「**大阪府生活環境の保全等に関する条例**」です。

　特定の施設への大気・水質・土壌規制の他に、アスベスト（石綿）や自動車対策、化学物質規制など様々な規制を行っています。おそらく他県と比べても規制が多いのではないかと思います。また、水質汚濁防止法の排水基準への上乗せ条例として「**水質汚濁防止法第三条第三項の規定による排水基準を定める条例**」もありますし、最近では、「**大阪府土砂埋立て等の規制に関する条例**」も制定されています。

　さらに、大規模に温室効果ガスを排出する事業者に対して規制する「**大阪府温暖化の防止等に関する条例**」もあります。産業廃棄物対策を定めた**大阪府循環型社会形成推進条例**もあります。

　以上の他にも、**大阪府環境基本条例、大阪府環境影響評価条例、大阪府自然環境保全条例、大阪府立自然公園条例**、などもあります。

愛知県の環境条例

　愛知県にも生活環境保全条例があります。その正式名称は、**「県民の生活環境の保全等に関する条例」** です。各種の公害規制や自動車対策などが定められています。また、大気汚染防止法や水質汚濁防止法の上乗せ条例として **「大気汚染防止法第四条第一項に基づく排出基準を定める条例」** や **「水質汚濁防止法第三条第三項に基づく排水基準を定める条例」** もあります。

　2018年には、**愛知県地球温暖化対策推進条例**が制定され、事業活動における温室効果ガス総排出量が相当程度多い事業者に対して、地球温暖化対策計画書の作成と提出等を義務付けています。

　さらに、**「廃棄物の適正な処理の促進に関する条例」** もあり、排出事業者に対して産業廃棄物処理委託先の実地確認を義務付けたり、県内への産業廃棄物搬入時の届出を求めたりしています。

　また、**「廃棄物の処理及び清掃に関する法律施行細則」** では、特別管理産業廃棄物を生ずる事業場を設置した場合は、30日以内に知事に報告することなどを義務付けています（本細則第9条1項）。

　以上の他に、**愛知県環境基本条例、愛知県環境影響評価条例、「自然環境の保全及び緑化の推進に関する条例」**、愛知県立自然公園条例などもあります。

宮城県仙台市の環境条例

　これまで、都道府県の環境条例の全体像を見てきました。ここで、市町村の環境条例の全体像についても取り上げてみましょう。

　宮城県仙台市は、政令指定都市であり、都道府県の権限の一部を持つために都道府県の環境条例の特徴がある一方、市町村の環境条例の特徴も有しています。

　まず、**仙台市公害防止条例**により、工場や事業場から排出される大気・水質などの有害物質や騒音・振動などを規制しています。

　また、2020年4月には、**「仙台市地球温暖化対策等の推進に関する条例」**が施行され、大規模に温室効果ガスを排出する事業者を規制しています。

　ここまでは、都道府県の環境条例の構成と重なりますが、それとは別に、**「仙台市廃棄物の減量及び適正処理等に関する条例」**があり、廃棄物の発生抑制・リサイクルと事業用大規模建築物への規制を実施しています。この廃棄物を大量に発生しうる大規模建築物の規制は、市町村条例によくあるものです。

　この他に、環境保全区域での建築などや水質保全区域での工場等の設置を許可制とする**「広瀬川の清流を守る条例」**、県外産業廃棄物の搬入手続き等を定めた**「仙台市産業廃棄物の適正処理に関する指導要綱」**、仙台市環境基本条例、仙台市環境影響評価条例、**「杜の都の環境をつくる条例」**、**「杜の都の風土を育む景観条例」**などがあります。

3 | 例規集と公報の読み方

例規集の読み方

　ある地方自治体の環境条例の中身を知ろうと思ったら、その自治体のウェブサイトにアクセスし、環境部署のページに掲載されている環境条例の情報を読むのが一般的な方法だと思います。

　一方、自治体の環境部署のページに知りたい情報がすべて載ってい

るわけではなく、それだけでは不十分に感じる企業担当者も多いことでしょう。

　そうしたときに便利なツールが、自治体の「例規集」です。自治体によっては、「条例集」や「法規集」という場合があります。自治体の条例や規則等をまとめたものです。この例規集は、かつては分厚い書籍（加除式図書）のみが存在し、その自治体の施設や大きな図書館など、利用できる場所が限定されていました。しかし、現在では、大多数の自治体が自らのウェブサイトに登載しており、手軽にアクセスして読むことができます。

佐賀県の例規集ではどこを読むか

　ただし、例規集とは、書物にすれば、都道府県の場合、分厚い本が10冊近くになることもあるほど、文字量があり、それを読みこなすのは容易なことではないでしょう。ここでは、佐賀県の例規集を例に、その読むポイントを示していきましょう（2020年8月に県ウェブサイトにアクセスして調べた結果。その後、変更の可能性があります）。

　佐賀県のウェブサイトのトップの中に「県政情報」というコーナーがあり、例規集はその中に登載されています（検索エンジンで「佐賀県　例規集」などと検索すれば、すぐに探すことができます）。佐賀県の場合は、「佐賀県例規全集」という名称です。

　「体系目次」をクリックすると、次の編一覧が提示されます。一般に「民生」や「衛生」などの編に環境条例が収録されていることが多いと思われます。そこで、「民生」と「衛生」をそれぞれクリックしてみると、「衛生」に「環境」の項目がありました。さらに、「衛生」中の「公衆衛生」をクリックすると「廃棄物の処理等」の項目がありました。

佐賀県の例規集の体系目次
（環境条例が登載されている項目に下線と★印を付した）

第1編　総規	第1節　営業等規則
第2編　選挙	第2節　水道
第3編　人事	<u>第3節　廃棄物の処理等★</u>
第4編　財務	第4節　その他
第5編　民生	第3章　食品衛生
第1章　通則	第4章　予防
第2章　社会福祉	第5章　薬務
第3章　児童福祉	<u>第6章　環境★</u>
第4章　障害者福祉	第7編　農林
第5章　老人福祉	第8編　農地
第6章　水難救護	第9編　商工水産
第7章　社会保険	第10編　土木
第6編　衛生	第11編　労働
第1章　医務	第12編　教育
第2章　公衆衛生	第13編　警察

　これらの項目をクリックすると、次のような様々な環境条例の原文を読むことができます。

佐賀県の主な環境条例
※「佐賀県例規全集」の目次から抜粋。
※企業から見て注目すべき条例は●印とした。

第6編　衛生
　第2章　公衆衛生
　　第3節　廃棄物の処理等
　　　○廃棄物の処理及び清掃に関する法律施行細則
　　　○浄化槽法施行細則
　　　○佐賀県浄化槽保守点検業者の登録に関する条例
　　　○佐賀県浄化槽保守点検業者の登録に関する条例施行規則
　　第6章　環境
　　　○佐賀県環境基本条例

●佐賀県環境影響評価条例
○佐賀県環境影響評価条例施行規則
○佐賀県環境影響評価技術指針
●佐賀県環境の保全と創造に関する条例
○佐賀県環境の保全と創造に関する条例施行規則
●佐賀県土砂等の埋立て等による土壌の汚染及び災害の発生の防止に関する条例
○佐賀県環境審議会条例
○佐賀県環境センター設置条例
○佐賀県環境センター管理規則
●水質汚濁防止法第 3 条第 3 項の規定に基づく排水基準を定める条例
○佐賀県水質汚濁性農薬の使用の規制に関する規則
○騒音規制法に基づく騒音の規制地域及び規制基準
○特定建設作業に伴って発生する騒音の規制に関する基準別表の第 1 号に規定する区域
○佐賀県環境の保全と創造に関する条例第38条第 1 項に規定する知事が指定する化学物質
○佐賀県環境の保全と創造に関する条例に基づく移入規制種の指定
○環境基本法に基づく騒音に係る環境基準及び新幹線鉄道騒音に係る環境基準の地域の類型を当てはめる地域の指定
○騒音規制法第17条第 1 項の規定に基づく指定地域内における自動車騒音の限度を定める省令の別表の備考に規定するａ区域、ｂ区域及びｃ区域の区域
○振動規制法に基づく振動の規制地域及び規制基準
○振動規制法施行規則別表第 1 の付表の第 1 号に規定する区域
○振動規制法施行規則別表第 2 の備考の 1 に規定する区域及び同備考の 2 に規定する時間
○環境基本法に基づく公共用水域が該当する水質汚濁に係る環境基準の水域類型の指定
○生活排水対策重点地域の指定
○悪臭防止法に基づく規制地域及び規制基準
○佐賀県公害紛争処理条例
○佐賀県公害紛争処理条例施行規則
○佐賀県自然保護巡視員規程
○佐賀県新エネルギー・省エネルギー促進条例

　ただし、上記「衛生」や「環境」の2項目だけを見れば、すべての環境条例を把握できるとは限りません。例えば、屋外広告物条例や景観条例を環境条例として管理している企業があるとします。その企業がこれら条例を探そうとして、上記2項目にアクセスしてもそれらはそこに登載されていません。それらは「第10編　土木」中の「第3章　都市計画」に登載されているのです。上記のようなアクセスの方法はあくまでも「目安」として認識してください。

公報の読み方

　環境条例の分野は、新しい条例の制定や改正が激しい分野です。そうした改正情報をいち早く把握したい企業担当者も多いことでしょう。ただし、こうした情報を入手するのもなかなか大変なことです。自治体の環境部署のウェブサイトを見ても、そうした情報が載っていないことも少なくありません。

　そうしたとき、新条例や改正条例の原文を読むことができる「公報」にアクセスすることが1つの対策となります。都道府県や一部の市などでは、それぞれのウェブサイトで公開されています。

　国の「官報」を知っている方は多いことでしょう。周知の通り、「官報」には、新法や改正法の原文が掲載されています。

　「公報」とは、こうした国の「官報」に準じた自治体の文書です。新条例や改正条例の原文が掲載されています。自治体によっては、**「県報」や「市報」などと呼ばれる**こともあります。

公報の例（令和 2 年 7 月 9 日岐阜県公報（号外 1 ）　1 p 目）

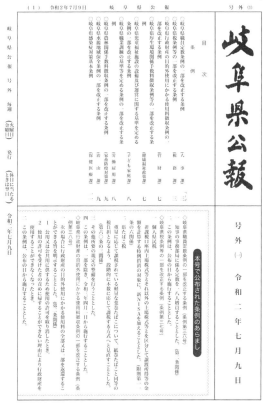

出典：岐阜県公報
https://www.kouhou.pref.gifu.lg.jp/gougai/pdf/20070901.pdf

　公報の事例として、2020年 3 月24日の和歌山県の公報を例に取り上げて解説していきましょう。

　和歌山県ウェブサイトのトップページに「組織から探す」の項目があり、その中の「総務部総務管理局総務課」中に「和歌山県報」が登載されています（検索エンジンで「和歌山県　公報」などと検索すれば、すぐに探すことができます）。

　この中から、2020年3月24日の公報をクリックしてみると、その目次には、たくさんの新条例及び改正条例が出てきます。その中をよく見てみると、**「和歌山県ごみの散乱防止に関する条例」** の項目があります（2020年3月24日和歌山県報号外に収録）。

　この条例は、主に2020年4月1日から施行されるものです。公布が3月24日ですので、成立してすぐの施行になります。急ぎ、自社に関係しないかどうか確認したいところですが、条例における企業の規定や各種の強制力を伴う規定を抜粋すると、概ね次の通りとなります。

和歌山県ごみの散乱防止に関する条例（抜粋）

（目的）
第1条　この条例は、ごみの散乱の防止に関し、県、事業者及び県民の責務を明らかにするとともに、ごみの投棄による散乱の防止に関する施策を推進するために必要な事項を定めることにより、広域的な環境の保全を図るとともに、廃棄物の適正な処分又は再利用による減量化を進め、もって現在及び将来の県民の健康で文化的な生活の構築に寄与することを目的とする。

（事業者の責務）
第4条　事業者は、その事業活動を行うに当たっては、ごみの散乱の防止に努めなければならない。

2　事業者は、県及び市町村が実施するごみの散乱の防止に関する施策に協力するよう努めなければならない。

（投棄の禁止）
第6条　何人も、みだりにごみを捨ててはならない。

（立入検査）
第8条　知事は、第6条に違反する行為に係る事項の確認のために必要な限度において、その職員に、ごみが捨てられた土地に立ち入らせ、当該土地を検査させ、又は当該土地の所有者若しくは関係者に質問させることができる。

2　前項の規定により立入検査をする職員は、その権限を有する者であることを示す証明書を携帯し、関係者から請求があったときは、これを提示しなければならない。

> 3 第 1 項の規定による立入検査の権限は、犯罪捜査のために認められた
> ものと解してはならない。
> **（命令）**
> **第 9 条** 知事は、第 6 条に違反する行為を確認したときは、違反者に対し
> て、ごみの回収を命ずることができる。
> **（罰則）**
> **第10条** 前条の規定による命令に従わない者は、5 万円以下の過料に処す
> る。
> **附 則**
> この条例は、令和 2 年 4 月 1 日から施行する。ただし、第 8 条から第10
> 条まで、第12条及び第13条の規定は、令和 2 年10月 1 日から施行する。

　以上を読むと、和歌山県内の企業にとっては、本条例の存在を認識
する必要はあるとは言えるのでしょうが、届出義務など、本条例に基
づく固有の義務が発生したわけではなく、日ごろから廃棄物の管理を
適切に行っていれば本条例を特別に管理対象にするほどのものでもな
いと思われます。

　いずれにせよ、このように、公報をきちんと確認さえできれば、適
用される条例を見落とすことはなくなりますし、対応方法を早めに検
討・決定することができるようになります（とはいえ、公報を読み解
くことはなかなか労力と力量が必要とされますので、悩ましいところ
ではあります）。

4 個別の条例の読み方

条例の原文を読む

　ここでは、個々の条例の読み方を確認していきましょう。

　企業担当者にとって、国の法律も、地方自治体の条例も、なかなか

その原文を読む機会は多くないと思いますが、一方で、規制の詳細を確認するときには原文を読まざるを得ません。そうしたときに、法令の構成や文章のわかりづらさに呆然とすることもあるでしょう。しかし、法令にはパターンがありますので、それを踏まえて読むと、意外とわかりやすいこともあるのです。

　次の図は、「**広島県生活環境の保全等に関する条例**」の目次です。

　繰り返し述べているように、各都道府県・市町村議会でつくられる条例というものには確定した形というものはありません。しかし、多くの条例を見ていると、ある程度のパターンはあります。

広島県生活環境の保全等に関する条例の目次

第一章　総則
第二章　生活環境の保全等に関する措置
　第一節　通則
　第二節　大気環境の保全
　第三節　水環境の保全
　第四節　土壌環境の保全
　第五節　騒音の防止
　第六節　悪臭の防止
　第七節　自動車排出ガス等の削減
　第八節　化学物質の適正管理
　第九節　資源の循環的な利用及び廃棄物の適正処理
　第十節　その他の生活環境の保全等
第三章　地球温暖化の防止
第四章　環境教育及び環境学習の推進
第五章　雑則
第六章　罰則
　附則

・公害規制の条文あり
・違反した場合の担保措置の条文も

例：汚水等関係特定事業場への排水
　　基準遵守（32条）
　⇒　基準非適合のおそれに改善命
　　　令・一時使用停止命令（33条）
　　※罰則もある

公害規制以外の環境対策の条文があることも

上記の例の罰則
○改善命令等違反：1年以下の懲役又は50万円以下の罰金（107条）
○排水基準違反　：6カ月以下の懲役又は30万円以下の罰金（108条）
○両罰規定：行為者のほか、法人にも各条の罰金（111条）

　本条例は、生活環境保全条例の典型であり、個々の条例を把握する際に頭に描くべきベーシックな形をしていると思います。

　本条例は、全部で6章と附則から成ります。附則にはその条例の施行日等が記載されています。

　6章構成の本条例では、まず第1章において「総則」が定められています。ここでは、条例の目的や用語の定義、事業者などの各主体の責務などが定められています。ここに、個別具体的な規制事項が定められることはほとんどないかと思いますが、用語が不明確なときには、用語の定義を参照することが必要とされます。

規制事項を知る

　次の第2章に「生活環境の保全等に関する措置」があります。これを細かく見ていくと、節が、第1節から第10節まであります。

　第2節から第6節までは、大気環境の保全、水環境の保全、土壌環境の保全、騒音の防止、悪臭の防止と、典型的な公害規制の項目が続いています。多くの自治体の生活環境保全条例では、個別規制の前半部分は、こうした公害規制の条文が配置されていると思います。

　これら条文では、**まず遵守すべき義務規定を示した後、それに違反した場合の担保措置を示すという流れで構成**されています。

　例えば、第2章第3節では、「水環境の保全」が定められています。広島県の場合、水質汚濁規制の対象は「汚水等関係特定事業場」と定められています。この汚水等関係特定事業場について、設置時等の届出義務とともに、第32条において、排水基準の遵守が義務付けられています。仮にこの排水基準に非適合のおそれがあるときは、県は改善命令や一時使用停止命令を出すことができます（第33条）。さらにはこの命令違反等には罰則が適用されます。

　こうした規制パターンは、広島県条例固有のものではなく、他の自治体の条例でも、国の法律でもよく見られるものです。

　また、本章では、これらに加えて、第 7 節から第10節があります。さらには、第 3 章において「地球温暖化の防止」も定められています。化学物質の適正管理や地球温暖化対策など、公害規制以外の条文があり、これらを読み進めていくと、ここにも企業を義務付ける条文があるので、注意が必要です。

企業に関係のない条文も多い

　一方、本条例の第 4 章では、「環境教育及び環境学習の推進」が定められています。この中を読んでも、企業に対して個別具体的な規制を定める条文は見当たりません。

　環境条例は、当然のことですが、企業だけを対象としているわけではありません。また、規制事項だけを定めているわけでもありません。県内全体の環境教育振興など、県民に向けた規定も数多くあります。

　自らの事業所が所在する自治体が条例においてどのような事項を定めているのかを知ることは大切だとは思います。ただし、企業に適用される規制事項と同じ重みで管理し、結果として管理への負荷がかかり、規制事項の把握が疎かになってしまったら、本末転倒です。環境条例には企業への規制に関係のない条文も多いことを念頭に対応する姿勢が重要なのです。

罰則規定を読む

　本条例の第 6 章は「罰則」が定められています。法律も条例も、罰則は、最終章に定められることが一般的です。

　例えば、前述した「汚水等関係特定事業場」の違反ケースについて
も、この罰則の章で定められています。改善命令等の違反に対して
は、１年以下の懲役又は50万円以下の罰金です（第107条）。また、排
水基準違反そのものに対しては、６カ月以下の懲役又は30万円以下の
罰金という罰則もあります（第108条）。

　さらに両罰規定もあります（第111条）。「法人の代表者又は法人若
しくは人の代理人、使用人その他の従業者が、その法人又は人の業務
に関し、第107条から前条までの違反行為をしたときは、行為者を罰
するほか、その法人又は人に対して各本条の罰金刑を科する。」と定
めています。

　つまり、**両罰規定**とは、直接違反した行為者だけでなく、行為者が
法人の業務で違反した場合は、法人に対しても罰則を適用するという
ものです。こうした両罰規定も、生活環境保全条例ではよく見られる
ものです。

　以上で、広島県生活環境保全条例の全体構成の解説を終えます。こ
の全体構成をイメージしながら、他の条例を読んでいくと、驚くほど
似た構成であることに気づき、かなりスムーズにその内容が頭に入っ
ていくと思います。

5 ｜ 義務規定を見極める

義務規定と努力義務規定

　法令の規定には、**「義務規定」**と**「努力義務規定」**があります。義
務規定とは、企業等が遵守しなければならず、遵守しない場合に改善
命令等や罰則が適用されるものを指します。

　これに対して、努力義務規定とは、対象者に対して遵守するよう努

めることが求められているとはいえ、遵守しない場合の明確な罰則等はありません。また、一般的に、努力義務規定は、義務規定と比べて抽象的な内容にとどまっていることが多いと言えるでしょう。

このように、両者は、大きく異なる性格を持っています。企業にとっては、まずは何よりも義務規定を見極めて遵守することが求められることは言うまでもありません。

環境条例の場合、こうした努力義務規定が数多く定められており、ここで問題が発生します。義務規定が努力義務規定の中に埋没してしまい、義務規定を見失ってしまうことがあるのです。これを防がなくてはいけません。

義務規定と努力義務規定の区分の仕方

では、義務規定と努力義務規定をどうやって見分けるのか、ここではそのコツを解説していきます。

次の図表は、**「大分県生活環境の保全等に関する条例」**における義務規定と努力義務規定の例です。

まず、義務規定を説明します。第6条の場合、特定工場等の設置者に対して、規制基準を超えた排水等を禁止しています。これに違反したときは、県からの改善命令等が発出され（第15条）、その命令に違反したときは、罰則が適用されます（第71条）。

また、第8条の場合、特定工場等を設置しようとする者に対して、届出が義務付けられています。届出をしなかったときには、罰則が適用されます（第73条）。

これらの規定はいずれも典型的な義務規定です。**特に条文の末尾を見るとわかりやすい**と思います。第6条の場合は、「〜させてはならない。」と禁止の表現をしています。また、第8条の場合は、「〜しな

義務規定と努力義務規定
（例：大分県生活環境の保全等に関する条例）

義務規定	努力義務規定
第6条 特定工場等の設置者は、規制基準を超える排煙、一般粉じん又は排水を発生し、排出し、又は飛散させてはならない。 **※義務規定（違反した場合、改善命令等（15条）、命令違反に罰則あり（71条））** **第8条** 特定工場等を設置しようとする者は、あらかじめ、規則で定めるところにより、次に掲げる事項を知事に届け出なければならない。（以下略） **※義務規定（違反した場合、罰則あり（73条））**	**第44条** 事業者は、その事業活動を行うに当たっては、再利用可能な物の分別及び再利用、再生資源（資源の有効な利用の促進に関する法律（平成3年法律第48号）第2条第4項に規定する再生資源をいう。）及び再生部品（同条第5項に規定する再生部分をいう。）の利用並びに再生品、簡易な包装を用いた製品の選択等により、廃棄物の減量及び資源の有効利用に努めなければならない。（以下略） **※努力義務規定**

備考：下線と※印は筆者

ければならない。」と行為を強制する表現をしています。

「努めなければならない」

　これに対して、第44条では、事業者に対して、再利用可能な物の分別などによって、廃棄物の減量や資源の有効利用に努めなければならないことを定めています。条文の末尾が「〜に努めなければならない。」となっており、これは典型的な努力義務規定の条文です。

　この条文を読めばわかる通り、一般論として当然のことが書いていますが、個別具体的な実施事項が書かれているわけではありません。例えば、「再利用可能な物の分別」を求めているものの、「どのような対象を、どの程度分別するのか」というような対象や分別基準の具体

的な事柄は定められていません。事業者として一般的に努めるべき事柄を示しているものにすぎないと言えるでしょう。

　こうした努力義務規定が、環境条例には頻出します。**努力義務規定を自社の管理対象にするかどうかは各社の判断**です。少なくても、義務規定を見落とすことなく、しっかりと遵守することが第一に求められていることは確認しておきたいと思います。

6 ｜条例は規則とセットで読む

下位法令も確認する

　個々の環境条例を読むとき、**「条例は規則等とセットで読む」** ことを原則に据えることが必要です。

　次の図表のように、一般に、国の個々のテーマごとの法令の構成は、「法律―政令―省令（―告示）」となっています。

上位法令と下位法令の関係（イメージ）

| 国の法令の構成
法律―政令―省令（―告示） | 自治体の法令の構成
条例―規則（―告示） |

　例えば、国の水質汚濁防止法であれば、主に次のような構成をしています。

・法律：水質汚濁防止法
・政令：水質汚濁防止法施行令
・省令：水質汚濁防止法施行規則／排水基準を定める省令　　　など

　これに対して条例の場合は、構成がもう少しシンプルであり、「条例—規則（—告示）」となります。例えば、「○○県公害防止条例」があれば、その下位規則として、「○○県公害防止条例施行規則」が定められていることが一般的です。

埼玉県条例の場合

　具体的な例として、**埼玉県生活環境保全条例**第79条１項を挙げて説明していきましょう。次の図表を見て下さい。

　本条は、土壌汚染対策に関する規定であり、特定有害物質取扱事業者に対して、その特定有害物質取扱事業所を廃止するときは汚染状況調査を行い、知事に報告することを義務付けているものです。

　この場合、そもそも「特定有害物質」が何を指すのか、また規制対象としての「特定有害物質取扱事業所」とは何を指すのかが、当然気になります。

　条例を読むと、第76条において特定有害物質の用語の定義が行われていますが、ここでは、「人の健康を損なうおそれのある物質として規則で定めるもの」と定めています。また、特定有害物質取扱事業所については、第77条１項において、「特定有害物質の取扱い又は取り扱っていた事業所（規則で定める事業所を除く）」と定めています。つまり、どちらも「規則」を読まなくてはその内容がわからないのです。

　この「規則」とは、「埼玉県生活環境保全条例施行規則」のことです。まず「特定有害物質」は本規則第60条で定められ、カドミウムなどが規定されています。

　さらに「特定有害物質取扱事業所」から除外するものを規則第61条で定めています。廃棄物の分別、保管、収集、運搬、再生、処分等の

条例と規則の関係の例

埼玉県生活環境保全条例 （79条1項）

　　特定有害物質取扱事業者は、その特定有害物質取扱事業所を廃止し、又は当該特定有害物質取扱事業所の建物の全部若しくは建物のうち特定有害物質を取り扱い若しくは取り扱っていた部分を除却するときは、土壌及び地下水汚染対策指針に基づき、規則で定めるところにより、当該特定有害物質取扱事業所の敷地の土壌の汚染の状況を調査し、その結果を知事に報告しなければならない。

　　⇒● 「特定有害物質」 （条例76条）：人の健康を損なうおそれのある物質として規則で定めるもの
　　　● 「特定有害物質取扱事業所」 （条例77条1項）：特定有害物質を取り扱い、又は取り扱っていた事業所 （規則で定める事業所を除く。）

埼玉県生活環境保全条例施行規則

● 「特定有害物質」 （条例76条）

⇒規則60条　※カドミウムなどを規定
条例第76条の規則で定める物質は、次の各号に掲げる環境の自然的構成要素の区分に応じ、当該各号に定める物質とする。
一　土壌　第27条第1号から第26号まで及び第28号に掲げる物質
二　水　前号に掲げる物質及び第27条第29号に掲げる物質

● 「特定有害物質取扱事業所」 （条例77条1項）

⇒規則61条
条例第77条第1項の規則で定める事業所は、廃棄物の分別、保管、収集、運搬、再生、処分等の処理を業とする事業所とする。

※条例119条2項を受けた規則99条では、さいたま市を本規制の適用除外にしている

　処理を業とする事業所については特定有害物質を取り扱っていたとしても対象から外すと定めています。

　なお、以上とは別に、条例第119条2項を受けた規則第99条では、さいたま市をこの規制の適用除外にしています。さいたま市については同様の条例があるのでそちらで対応することを認め、県のこの規制を及ばせないとしているのです。

　以上のように、条例の下位法令である規則を読むことにより、条例全体の規制が具体的にわかるわけです。条例を読むときは必ず規則とセットで読むようにしましょう。

7 ｜ 社内における条例管理の仕組みづくり

国の法令と同様の管理体制

　環境条例を遵守するためには、それを管理し、対応するための仕組みづくりが欠かせません。

　環境条例が国の環境法と同じように強制力のある法令であり、かつ、各地にそうした環境条例が存在することを踏まえれば、国の環境法令と同様の対応手順の整備と実施が必要だということです。条例だからといって甘くみてはいけません。

　管理のポイントとして、ここでは、次の表の通り、3つのポイントを挙げておきましょう。

環境条例対応、3つのポイント

> **1** 事業所のある都道府県と市町村の条例を**リストアップ**
> 　生活環境保全条例、地球温暖化対策条例、廃棄物対策条例は？
>
> **2** **条例改正動向**も追う
> 　特に温暖化対策や廃棄物対策で新たな動きあり
>
> **3** 条例対応が適切かどうか**チェック（評価）**を行う
> 　事業所・地域任せしていないか？
>
> 国の動向よりも把握しづらい自治体動向。自社独自に管理するか、有料サービスを検討するか。「時間」「確実性」で検討を！

　1つ目のポイントは、**自社の事業所のある都道府県と市町村の条例をリストアップ**するということです。都道府県と市町村それぞれにどのような条例があるかを調べた上で、その中で自社に適用される規制にはどのようなものがあるのかを明確にしなければなりません。

　社内での継続的な管理を考慮すれば、担当者の頭の中だけで明確にするのではなく、社内文書としてそのリストアップしたシートを管理すべきでしょう。

　生活環境保全条例、地球温暖化対策条例、廃棄物対策条例の3つがあるのかどうか。ある場合は自社に適用される規制があるのかどうか。少なくてもそうしたチェックは不可欠です。

　2つ目のポイントは、**条例の改正動向を追う**ということです。環境分野は、国の法令においても法改正が激しく行われていますが、これは地方自治体においても同様です。環境条例の改正動向も追わないと、やはり対応に抜け漏れが出るケースがあるのです。

　そのために事業者としては、適用される条例をリストアップしたシートを作成した後、例えば年に1回又は2回程度、頻度を決めて確実に改正動向を追う仕組みをつくることが必要だと思われます。

形骸化しがちな条例管理

　3つ目のポイントは、条例対応が適切に行われているかどうかをチェックするという**評価システムの構築と運用**です。

　特に環境条例への対応について筆者が懸念するのは、各地に複数の工場や事業所をもつ企業において、その対応を各事業所任せにしている例が散見されることです。

　国の環境法の改正動向や自社の対応状況については、本社が管理しているものの、自治体の環境条例の改正動向や事業所の対応状況につ

いては、各地の事業所に管理させているケースがあるのです。

　確かに、自治体の動き等については、本社よりも各地の事業所のほうが追いやすいという利点はあるかもしれません。しかし、その状況について本社が何もタッチせずに、事実上、各地の事業所に管理を丸投げするケースが後を絶ちません。しかしながら、そうすることによって、管理が形骸化し、環境条例の規制事項を逸脱する事例も筆者は見かけています。国の法律とともに、自治体の条例についても、本社と各地の事業所が協力して取り組む仕組みが不可欠なのです。

担当者の力量確保の仕組み

　いま示した 3 つのポイントの大前提として、これら 3 点を実施できるような力量を持つ社員を育成することも指摘しておきたいと思います。

　新たに環境担当になった社員が、必ずしも法令に詳しいわけではありません。条例については読んだこともないという方も珍しくはないのではないでしょうか。

　通常の業務であれば、力量が不足していればそれを補うために別の社員を手配したり、教育訓練の場を設けたりするものですが、環境法対応の分野ではそうした取り組みを行わない企業が少なくありません。形骸化を防ぐために、担当者の力量確保の仕組みをつくるべきでしょう。

　近年、環境法の力量をレベルアップしようと社員教育に力を入れる企業が増えてきています。環境条例のことを考慮すれば、**本社の担当者だけでなく、事業所の担当者の教育訓練も合わせて実施したいもの**です。

　その方法は多種多様です。筆者は、外部の講師として、そうした教

育のお手伝いをすることがありますが、それだけが教育の方法だとは思っていません。例えば、条例を含めた、自社に適用される環境法令のリストをもとに、社内で勉強会を行うというのも有効な方法です。内容を理解していない担当者がいれば、誰かがそれを解説し、知識の共有化に努めるのです。

有料サービス利用の判断への視点

環境条例の情報を整理し、その改正動向を追う方法として、有料サービスを利用するというのも1つの方法です。

本書の版元である第一法規株式会社では、「eco BRAIN 環境条例Navi Premium」という有料サービスを提供しています。筆者の感触では、おそらく全国で一番利用されているものです。

本サービスでは、条例改正や新条例の動向がかなりフォローされているので、対応の抜け漏れは格段と少なくなることでしょう。ただし、もちろん金額的なコストはかかります。自社内で有料サービスに頼ることなく実施する場合のコストとリスクを勘案し、各社で検討するとよいでしょう。

第2部

分野別
規制のポイント

第1章　地球温暖化

1 ｜ 自治体が先行している温暖化対策

国の温暖化対策関連法令

　2020年より、地球温暖化対策の国際的な枠組みとなる**「パリ協定」**が動き出しました。止まらない地球温暖化について、気温上昇を産業革命から2度に抑えるという目標と、1.5度に抑えるという努力目標を掲げ、そのために、各国が自主的な目標を掲げて取り組んでいます。周知の通り、この2度目標と1.5度努力目標の達成は難しく、各国には更なる削減努力が求められているところです。

　こうした中で、わが国も、**「地球温暖化対策の推進に関する法律」**（温暖化対策推進法／温対法）、**「エネルギーの使用の合理化等に関する法律」**（省エネ法）、**「建築物のエネルギー消費性能の向上に関する法律」**（建築物省エネ法）、**「フロン類の使用の合理化及び管理の適正化に関する法律」**（フロン排出抑制法）など、様々な法律を整備し、その対応に当たっています。

　こうした法令の中で、国の温暖化対策として事業者に最も規制を及ぼしている法律は、事実上、省エネ法となるでしょう。

　省エネ法は、大規模にエネルギーを使用する工場・事業場や運輸事業者等を主な規制対象としています。このうち、工場・事業場規制を取り上げると、まず、規制対象事業者（特定事業者）として、エネルギーを原油換算1500kl／年以上の使用している事業者を定めています。

　この特定事業者に対して、エネルギー管理統括者やエネルギー管理企画推進者等を選任し、省エネの管理体制をつくることを義務付け、その上で、省エネに向けた中長期計画を作成し、それを実施することを求めています。さらに、こうした省エネの取組みを毎年国に報告させています。

　こうした国の法規制を前提に、地方自治体がどのような温暖化対策を条例で定めているのかを見ていきましょう。

自治体の温暖化対策条例

　もともと、温暖化対策については、国よりも自治体が先行していました。京都市が温暖化対策の目標値を国よりも厳しく設定する条例を制定したり、東京都が温室効果ガスを大規模に排出する事業所に対して排出量の総量規制を課す改正条例を制定したりするなど、様々な施策を講じていたのです。

　近年でも、自治体による温暖化対策の規制強化が増えています。都道府県の取組みが目立つものの、比較的大規模な市町村の取組みも少なくありません。少数ながら小規模市町村の動きもあります。

2 ｜ 温暖化対策条例の例

「2つの温暖化」と対策の全体像

　大阪府には、2005年に制定された**「大阪府温暖化の防止等に関する条例」**（大阪府温暖化防止条例）があります。

　この条例が制定されたころ、筆者は大阪府に取材に行きました。そのときの担当者が「府は2つの温暖化をターゲットにしている」と発言していたことをよく覚えています。つまり、地球温暖化とヒートア

イランドによる府内の気温上昇を抑えるという目的で本条例は制定されたのです。

大規模な事業所を規制

　本条例の中心的な規制は、次の図表の「大規模事業所規制」です。温室効果ガスを多量に排出する事業者に対して、対策計画を作成・報告させ、それに基づき対策を実施させ、実施状況についても作成・報告させるというものです。

大阪府温暖化防止条例における大規模事業所規制

規制対象		規制事項
事業所などへの規制	(1)　原油換算1500kl ／年以上のエネルギーを使用する事業所を持つ事業者等 (2)　100台以上のトラック等を使用する事業者等 (3)　連鎖化事業者で加盟店を含めて1500kl ／年以上のエネルギーを使用する事業者（9条、規則3条）	対策計画書と実績報告書を作成して届け出る（9条、11条、規則4条、規則13条） ※知事による対策計画書等の評価・公表、指導助言、立入調査等の規定あり

　この規制内容は、前述した省エネ法の規制と似ているので、それを思い出すと理解しやすいと思います。他の地方自治体でもよく見られる地球温暖化対策でもあります。

　本制度の規制対象には3つあります。条例とその下位法令となる条例施行規則では、次の通り定められています。

大阪府温暖化防止条例における計画提出等の規制対象

大阪府温暖化の防止等に関する条例
（対策計画書の作成等）
第 9 条　エネルギーの使用量が相当程度多い者として規則で定める者（以下「特定事業者」という。）は、規則で定めるところにより、次に掲げる事項を記載した対策計画書を作成し、規則で定める期間ごとに、知事に届け出なければならない。（以下略）

大阪府温暖化の防止等に関する条例施行規則
（特定事業者）
第 3 条　条例第 9 条第 1 項のエネルギーの使用量が相当程度多い者として規則で定める者は、次の各号のいずれかに該当する者とする。

一　府の区域内に事業所を設置している者のうち、その府の区域内に設置している全ての事業所における前年度において使用した燃料の量並びに同年度において他人から供給された熱及び電気の量をそれぞれエネルギーの使用の合理化等に関する法律施行規則（昭和54年通商産業省令第74号）第 4 条各項に規定する方法により原油の数量に換算した量を合算した量（以下「原油換算エネルギー使用量」という。）の合計量が1500キロリットル以上であるもの（次号に掲げる者を除く。）

二　連鎖化事業（エネルギーの使用の合理化等に関する法律（昭和54年法律第49号）第18条第 1 項に規定する連鎖化事業をいう。以下同じ。）を行う者（以下「連鎖化事業者」という。）のうち、当該連鎖化事業者が府の区域内に設置している全ての事業所及び当該加盟者（同項に規定する加盟者をいう。）が府の区域内に設置している当該連鎖化事業に係る全ての事業所における前年度の原油換算エネルギー使用量の合計量が1500キロリットル以上であるもの

三　4 月 1 日現在において、次のいずれかに該当する者

　イ　自動車から排出される窒素酸化物及び粒子状物質の特定地域における総量の削減等に関する特別措置法施行令（平成 4 年政令第365号）第 4 条各号に掲げる自動車（府内に使用の本拠の位置を有するものに限る。以下「特定自動車」という。）を100台以上使用する事業者（ロに掲げる者を除く。）

　ロ　道路運送法（昭和26年法律第183号）第 3 条第 1 号ハに規定する一般乗用旅客自動車運送事業を主たる事業として営む者であって、特定自動車を250台以上使用するもの

　1つは、原油換算1,500kl ／年以上のエネルギーを使用する事業所を持つ事業者等となります。これは、省エネ法の特定事業者とほぼ重なります。ただし、当然のことながら、本条例の適用範囲は大阪府内なので、府内での対象事業所となります。

　2つは、100台以上のトラック等を使用する事業者等であり、3つは、連鎖化事業者で加盟店を含めて1,500kl ／年以上のエネルギーを使用する事業者となります。

　事業者の立場からすれば、なぜ国にも省エネ法に基づき報告し、大阪府にも本条例に基づき報告しなければならないのかという素朴な疑問があるかもしれません。しかし、大阪府にしてみれば、省エネ法を所管していないので、同法に基づく指導ができませんし、報告書を精査することもできません。本条例により、いわば、自前の指導ツールを持つという理由があるのです。

　実際に、本条例では、知事による対策計画等の評価・公表制度があり、指導助言や立入調査ができる規定も設けています。

　2016年度からは、事業活動の温室効果ガス削減の取組みを総合的に評価する評価制度を導入しています。

　これは、次の図表の通り、特定事業者の取組みについて、大阪府が指定する温室効果ガス削減に有効な対策として指定した「重点対策」の実施率と、温室効果ガス削減量を評価し、ＡＡＡ〜Ｃの6段階に位置付け、評価の優良な特定事業者を公表するというものです。これによって、特定事業者がさらに積極的な温暖化対策を推進するためのインセンティブを付与しようということでしょう。

大阪府温暖化防止条例の評価制度

特定事業者の温室効果ガス削減の取組について、まず、「重点対策」（大阪府が指定する温室効果ガス削減に有効な対策）の実施率を、次に温室効果ガス削減量を評価し、AAA〜C の６段階に位置づけ、評価の優良な特定事業者を公表します。

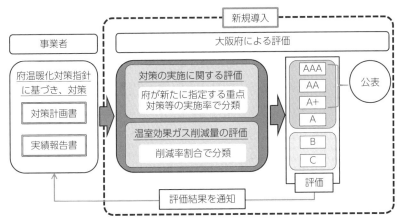

出典：「エネルギーの多量消費事業者による報告制度」リーフレットより抜粋
　　　http://www.pref.osaka.lg.jp/attach/21606/00000000/leafletH28.pdf

大規模な建築物を規制

　本条例では、大規模な建築物への温暖化対策を求めています。大規模建築物対策は、各地の温暖化対策の条例においても制度化されている例は多いと思われます。

　延べ床面積が2,000㎡を超える建築物の新増改築については、建築物環境計画書の届出等が義務付けられています（第16条、第17条、規則第19条〜21条）。また、建築物環境計画書の届出を行った後、現場へのラベル表示や、それを販売する場合は広告へのラベル表示が義務付けられています（第21条、規則第29条）。

　さらに、次の建築物を新増改築する場合は、省エネ基準に適合させなければならないという義務もあります（第16条、規則第19条）。

・非住宅部分の床面積の合計が2,000㎡以上の建築物
・建築物の高さが60mを超え、かつ、住宅部分の床面積の合計が1万㎡以上の建築物

3 改正が激しい温暖化分野

　前述した通り、全国各地で地球温暖化対策条例の新規制定や条例改正が相次いでいるので、本分野については改正動向をしっかりと押さえることが肝要です。

　ここでは、2019年10月に成立し、2020年4月に施行された宮城県仙台市の**「仙台市地球温暖化対策等の推進に関する条例」**（仙台市温暖化対策条例）を取り上げておきましょう。

　周知の通り、仙台市は、宮城県の県庁所在地であり、政令指定都市です。

　宮城県は、公害防止条例や廃棄物関連の条例もあり、環境規制が比較的厳しい地域だと思います。ただし、同県にはこれまで温暖化対策を定める条例はありませんでした。筆者の印象では、東北地方は、公害や廃棄物の規制は厳しいものの、全般として温暖化対策はそれほど厳しくないように感じます。

　そうした中で、仙台市が単独で温暖化対策条例を定めたのです。この背景には、市内に石炭火力発電所を設置しようとする動きが続き、それに反対する機運が高まり、改めて温暖化対策の必要性が議論されるようになったためだと思われます。

　仙台市条例の概要は、次の図表の通りです。

仙台市温暖化対策条例における事業者対策

対象	対策
特定事業者（温室効果ガスを大量に排出）	(1)　特定事業者は、計画期間ごとに「事業者温室効果ガス削減計画書」を作成し、市長が定める期日までに市長に提出する（10条） ※特定事業者：次のいずれかに該当する者（2条、規則3条） ①原油換算1500kl ／年以上のエネルギーを使用する事業所を設置する事業者 ②温室効果ガスを3000 ｔ／年以上排出する事業所を設置する事業者 ③市内で100台以上の自動車を所有する運送事業者 (2)　計画書を提出した特定事業者は、計画期間の各年度について「事業者温室効果ガス削減報告書」を作成し、市長が定める期日までに市長に提出する（11条） ※市による報告徴収、資料の提出要請、立入調査、勧告、氏名等の公表等の措置あり
特定事業者以外の「一般事業者」	「事業者温室効果ガス削減計画書」を作成し、市長が定める期日までに市長に提出することができる（15条）
事業者	地球温暖化の防止に資する以下の取組を定めている（16条〜25条、27条） ・エネルギーの使用の合理化 ・設備等の使用の方法、環境物品等の選択 ・公共交通機関の利用の推進等、自動車等に係る温室効果ガスの排出の抑制 ・再生可能エネルギーの優先的な利用 ・建築物に係る温室効果ガスの排出の抑制 ・廃棄物の発生の抑制等 ・森林の保全及び整備、緑化の推進 ・その他気候変動適応のための措置

　仙台市条例は、前述した大阪府の条例と似ており、基本的には、大規模に温室効果ガスを排出する事業者に対して、温室効果ガス削減計画書等の提出を義務付けるというものです。

　その他に、一般の事業者に対して、設備等の使用の方法、環境物品等の選択、公共交通機関の利用の推進等、自動車等に係る温室効果ガスの排出の抑制、再生可能エネルギーの優先的な利用などを定めていますが、いずれも個別具体的な規制ではなく、いわば事業者の責務規定だと捉えて問題はないと思います。

　このように新しい規制が始まるということはこの環境分野でよくある話です。仙台市の場合であれば、自社が特定事業者に該当しないかどうかチェックすることが必要になってきます。新しい条例や改正条例の動向もきちんと追って、抜け漏れのないように対応しなければいけません。

第2章　公害①　～総論・大気汚染

1 国の規制手法と似ている条例の規制

　本章から第4章まで、環境条例における公害規制を取り上げていきます。本章では、まず大気汚染の規制を取り上げながら、公害規制の総論的な事項についても解説します。

　公害規制に関する国の法令には、大気汚染防止法、水質汚濁防止法、騒音規制法、振動規制法、悪臭防止法などがありますが、法律の規制の仕方には共通したものが見られます。

　大気汚染防止法の主な規制対象は「ばい煙発生施設」です。一方、水質汚濁防止法の主な規制対象は「特定施設」です。2つの法律とも、これら対象施設を設置しようとするときや構造を変更しようとするときに届出義務を課しています。その上で、規制基準（ばい煙排出基準や排水基準）を定め、その遵守を義務付けるとともに、違反した場合は改善命令等を発出したり、罰則を適用したりします。規制対象も基準内容も、もちろん全く異なるものの、規制手法についてはとても似ていると思います。

　これから紹介する環境条例の規制も同様です。つまり、**①規制対象を定める、②その規制対象に届出義務を課す、③さらにその規制対象に規制基準の遵守を義務付ける、という規制手法**です。

　この流れは、これから登場する様々な環境条例の規制手法にも共通するところが多いので覚えておくとよいでしょう。

2 | 生活環境保全条例の大気汚染対策

国の大気汚染対策の概要

　条例の大気汚染対策に入る前に、国の大気汚染対策の全体像を確認しておきましょう。この後も繰り返し出てくるように、条例の規制を理解する前提として、国の規制を理解する必要があるからです。

　国の規制の中心は、言うまでもなく、**大気汚染防止法**になります。

　大気汚染防止法では、主に、①ばい煙、②揮発性有機化合物（VOC）、③粉じん（一般粉じんと特定粉じん〔アスベスト〕）、④水銀の 4 分野を規制対象としています。それぞれについて規制対象となる施設や作業を定め、その届出義務や規制基準の遵守などを義務付けています。

　また、自動車対策については、大気汚染防止法において自動車排出ガスの許容限度等を定めている他に、**「自動車から排出される窒素酸化物及び粒子状物質の特定地域における総量の削減等に関する特別措置法」（自動車 NOx・PM 法）**により、大都市圏における自動車の車種規制等が行われています。

　この他に、**「特定特殊自動車排出ガスの規制等に関する法律」（オフロード法）**などの法律があります。

規制対象

　条例の大気汚染対策の事例として、埼玉県生活環境保全条例を取り上げてみましょう。本条例では、次のように定めています。

埼玉県生活環境保全条例における大気規制の例

	規制対象	規制事項
ばい煙規制	指定ばい煙発生施設：金属精錬・無機化学工業用の焙焼炉・焼結炉など7施設（49条、別表2）	(1) 施設の設置や変更などを行う際に届け出る（52条、規則35条等） (2) ばい煙規制基準を遵守する（50条、規則31条、別表4） (3) ばい煙の量と濃度を測定し、その結果を記録し、保存する（69条、規則49条、別表4、別表5、別表7） ※知事による計画変更勧告や改善命令、事故時の措置などの規定あり
炭化水素類規制	炭化水素類に係る指定施設：500kℓ以上の炭化水素類貯蔵用屋外タンクなど6施設（49条、別表2）	(1) 施設の設置や変更などを行う際に届け出る（52条、規則36条等） (2) 規制基準を遵守する（50条、規則31条、別表5） (3) 測定し、その結果を記録し、保存する（69条、規則49条、別表4、別表5、別表7） ※知事による計画変更勧告や改善命令、事故時の措置などの規定あり
粉じん規制	指定粉じん発生施設：鉱物・土石の堆積場など8施設（49条、別表2）	(1) 施設の設置や変更などを行う際に届け出る（52条、規則38条等） (2) 構造・使用・管理基準を遵守する（50条、規則31条、別表6） ※知事による計画変更勧告や改善命令などの規定あり

　規制対象として、①ばい煙、②炭化水素類、③粉じんの3種類に分けて、それぞれ定めています。なお、炭化水素類とは、時折、環境条例において規制対象としているものです。気化した場合に光化学オキ

シダントの生成の原因となるおそれのある液体状有機化合物又はその混合物で、原油、ガソリン及びナフサ、単一物質であって1気圧での沸点が150℃以下であるものなどを指します。

　これら①～③の具体的な対象施設については、本条例別表第2において、次の通り掲げています。

埼玉県生活環境保全条例における大気規制の対象

1　ばい煙に係る指定施設

項	施設	規模
1	金属の精錬又は無機化学工業品の製造の用に供する焙焼炉及び焼結炉（ペレット焼成炉を含む。）	原料の処理能力が1時間当たり1トン未満であること。
2	金属の精製又は鋳造の用に供する溶解炉（こしき炉及び4の項から6の項までに掲げるものを除く。）	火格子面積（火格子の水平投影面積をいう。以下この表において同じ。）が0.6平方メートル以上1平方メートル未満であるか、羽口面断面積（羽口の最下端の高さにおける炉の内壁で囲まれた部分の水平断面積をいう。以下この表において同じ。）が0.3平方メートル以上0.5平方メートル未満であるか、バーナーの燃料の燃焼能力が重油換算1時間当たり20リットル以上50リットル未満であるか、又は変圧器の定格容量が100キロボルトアンペア以上200キロボルトアンペア未満であること。
3	釉薬瓦の製造の用に供する焼成炉	火格子面積が0.6平方メートル以上であるか、バーナーの燃料の燃焼能力が重油換算1時間当たり20リットル以上であるか、又は変圧器の定格容量が100キロボルトアンペア以上であること。

4	銅、鉛又は亜鉛の精錬の用に供する溶解炉	原料の処理能力が１時間当たり0.5トン未満であるか、火格子面積が0.5平方メートル未満であるか、羽口面断面積が0.2平方メートル未満であるか、又はバーナーの燃料の燃焼能力が重油換算１時間当たり20リットル未満であること。
5	鉛の第二次精錬（鉛合金の製造を含む。）又は鉛の管、板若しくは線の製造の用に供する溶解炉	バーナーの燃料の燃焼能力が重油換算１時間当たり10リットル未満であるか、又は変圧器の定格容量が40キロボルトアンペア未満であること。
6	アルミニウム二次精錬の用に供する溶解炉	バーナーの燃料の燃焼能力が重油換算１時間当たり20リットル以上であること。
7	廃棄物焼却炉（金属の回収を目的として金属に付着している油、樹脂等を焼却する施設を含む。）	火格子がある施設にあっては火格子面積が２平方メートル未満であり、かつ、焼却能力が１時間当たり200キログラム未満であり、火格子がない施設にあっては焼却能力が１時間当たり200キログラム未満であること。ただし、金属の回収を目的として金属に付着している油、樹脂等を焼却する施設にあっては、火格子面積が２平方メートル以上であるか、又は焼却能力が１時間当たり200キログラム以上である施設を含む。

備考　2、4及び5の項に掲げる施設にあっては、大気汚染防止法の適用を受ける施設を除く。

2　炭化水素類に係る指定施設

項	施設	要件
1	貯蔵用屋外タンク	炭化水素類を貯蔵するため屋外に固定されたタンクで、一のタンクの貯蔵容量が500キロリットル以上であること。

2	給油用地下タンク	燃料として給油する炭化水素類を貯蔵するため地下に設置されたタンク（一の事業所における当該タンクの貯蔵容量の合計が27キロリットル以上の事業所に設置されているものに限る。）であること。
3	出荷用ローディングアーム	出荷する炭化水素類を貯蔵するための固定されたタンク（一の事業所における当該タンクの貯蔵容量の合計が1,000キロリットル以上の事業所に設置されているものに限る。）に設置されているものであること。
4	ドライクリーニング用乾燥機	炭化水素類又は規則で定める炭化水素類含有物（以下この表において「炭化水素類等」という。）を使用する事業所で、その事業所における炭化水素類等をドライクリーニング溶剤として使用するすべての洗濯機の洗濯定格能力の合計が23キログラム以上のものに設置されているものであること。
5	製造設備	炭化水素類等の製品（食料品を除く。）を製造する設備のうち、炭化水素類等のろ過、混合、撹拌又は加熱をする設備で、その設備の定格容量が180リットル以上であること。
6	使用施設	物（食料品を除く。）の製造において炭化水素類等（燃料として使用するものを除く。以下この項において同じ。）を使用する規則で定める施設（一の事業所における当該施設で使用する炭化水素類等の最大の使用量の合計が1日当たり500キログラム以上又は当該炭化水素類等に含まれる規則で定める揮発性物質の最大の使用量の合計が1月当たり5,000キログラム以上の事業所に設置されているものに限る。）であること。

備考　高圧ガス保安法（昭和26年法律第204号）の適用を受ける施設を除く。

3　粉じんに係る指定施設

項	施設	規模
1	鉱物（コークスを含み、石綿を除く。以下この表において同じ。）又は土石のたい積場	面積が500平方メートル以上1,000平方メートル未満であること。
2	ベルトコンベア及びバケットコンベア（鉱物、土石又はセメントの用に供するものに限り、密閉式のものを除く。）	ベルトコンベアにあってはベルトの幅が40センチメートル以上75センチメートル未満であり、バケットコンベアにあってはバケットの内容積が0.01立方メートル以上0.03立方メートル未満であること。
3	破砕機及び摩砕機（鉱物、岩石又はセメントの用に供するものに限り、湿式のもの及び密閉式のものを除く。）	原動機の定格出力が7.5キロワット以上75キロワット未満であること。
4	破砕機（コンクリートの用に供するものに限り、湿式のもの及び密閉式のものを除く。）	原動機の定格出力が7.5キロワット以上であること。
5	分級機（鉱物、岩石又はセメントの用に供するものに限り、湿式のもの及び密閉式のものを除く。）	原動機の定格出力が7.5キロワット以上であること。
6	ふるい（鉱物、岩石又はセメントの用に供するものに限り、湿式のもの及び密閉式のものを除く。）	原動機の定格出力が7.5キロワット以上15キロワット未満であること。
7	セメントの製造の用に供するクリンカークーラー	すべての施設とする。
8	セメントの製造又は加工の用に供するホッパー及びバッチャープラント	すべての施設とする。

出典：埼玉県生活環境保全条例別表第2より抜粋

　ちなみに、上記の対象施設のうち、「1　ばい煙に係る指定施設」の「7」において、廃棄物焼却炉が対象となっていますが、「廃棄物

焼却炉」について「金属の回収を目的として金属に付着している油、樹脂等を焼却する施設を含む。」と記載され、わかりづらい表現になっています。対象となる「規模」の表現にも悩む読者がいるかもしれません。

　これは、国の大気汚染防止法とセットにして読めば、理解できます。大気汚染防止法では、「ばい煙発生施設」を規制対象としており、その1つに「廃棄物焼却炉」を定めています。具体的には、次のように定めています。

大気汚染防止法の「ばい煙発生施設」となる廃棄物焼却炉

13	廃棄物焼却炉	火格子面積が2平方メートル以上であるか、又は焼却能力が1時間当たり200キログラム以上であること。

出典：大気汚染防止法施行令別表第1

　両者を読み比べるとわかるように、埼玉県条例では、大気汚染防止法が規制対象から外した廃棄物焼却炉も幅広く規制対象としているのです。このように、条例の規制対象を読む際は、関連する国の法令の規制対象も参照しながら読むと理解が進みます。

　一般的に生活環境保全条例では、こうして特定した規制対象に対して、規制基準の遵守を義務付けるとともに、その設置や変更等の場合の届出義務を課しています。

　次節では、規制基準と届出の制度それぞれについて、詳しく見ていきましょう。

3 ｜ 規制基準の遵守

規制基準の遵守の条文

　一般的な生活環境保全条例には、対象施設等に対する規制基準遵守の条文があります。

　埼玉県生活環境保全条例では、次のような条文となっています。

埼玉県生活環境保全条例における規制基準遵守の条文

（規制基準の遵守等）

第50条　知事は、第 1 号から第 3 号までに掲げる工場若しくは事業場若しくは第 4 号に掲げる作業場等における事業活動又は指定土木建設作業において生ずるばい煙、気化した炭化水素類、粉じん、有害大気汚染物質、排出水、騒音、振動又は悪臭（以下この項において「ばい煙等」という。）の排出又は発生について、指定施設、当該工場若しくは事業場若しくは当該作業場等を設置している者、ばい煙等を排出し、若しくは発生する者又は指定土木建設作業を行っている者（以下この条において「工場等の設置者等」という。）が遵守すべき基準（以下この節、第 9 章及び別表第 8 において「規制基準」という。）を規則で定めるものとする。

　一　指定施設を設置し、又は指定騒音作業を行う工場又は事業場

　二　指定悪臭工場等

　三　有害大気汚染物質又は排出水を排出する工場又は事業場で別表第 5 に掲げるもの

　四　騒音又は振動を発生する作業場等で別表第 6 に掲げるもの

2　工場等の設置者等のうち、指定施設（ばい煙に係るものに限る。）において発生するばい煙を大気中に排出し、又は指定施設（汚水等に係るものに限る。）を設置している工場若しくは事業場から排出水を排出する者は、指定施設（ばい煙に係るものに限る。）にあっては当該指定施設の排出口（ばい煙を大気中に排出するために設けられた煙突その他の施設の開口部をいう。第126条第 3 項及び別表第 8 において同じ。）において規制基準に適合しないばい煙を、指定施設（汚水等に係るものに限る。）を設置している工場又は事業場にあっては当該工場又は事業場の

排水口（排出水を排出する場所をいう。第64条第1項において同じ。）において規制基準に適合しない排出水を排出してはならない。

3　前項の規定によるほか、工場等の設置者等は、規制基準を遵守しなければならない。

4　第2項の規定は、一の施設が指定施設（ばい煙又は汚水等に係るものに限る。）となった際現にその施設を設置している者（設置の工事をしている者を含む。）の当該施設において発生し大気中に排出されるばい煙又は当該施設を設置している工場若しくは事業場から排出される排出水については、当該施設が当該指定施設となった日から6月間（当該施設が規則で定める施設である場合にあっては、規則で定める期間）は、適用しない。ただし、当該施設が指定施設（汚水等に係るものに限る。）となった際既に当該工場又は事業場が指定施設（汚水等に係るものに限る。）を設置する工場若しくは事業場又は特定事業場であるときは、この限りでない。

　以上の規制基準遵守の条文は、次のように、計4つの項から成り立っています。

第1項	知事が規制基準を定める。
第2項	ばい煙や汚水等の指定施設を設置する工場等に対して規制基準の遵守を義務付ける。
第3項	第2項以外の所定の施設や作業を行う工場等に対して規制基準の遵守を義務付ける。
第4項	ある施設が指定施設に追加された場合、6カ月間、規制基準の適用が猶予される。

規制基準の設定と遵守

　埼玉県条例の場合、第50条1項において、広範囲に規制基準を定めています。すなわち、「ばい煙、気化した炭化水素類、粉じん、有害大気汚染物質、排出水、騒音、振動又は悪臭」の規制基準をこの条文

においてまとめて設定しています。

　具体的には、埼玉県生活環境保全条例施行規則第31条において、11項目に分けて設定しています。ここでは、ばい煙の規制基準を掲げておきましょう。

埼玉県生活環境保全条例におけるばい煙の規制基準

別表第4
ばい煙に係る規制基準
一　硫黄酸化物に係る規制基準
イ　硫黄酸化物に係る規制基準は、硫黄酸化物に係る指定ばい煙発生施設（火格子面積0.3平方メートル未満であり、焼却能力が1時間当たり30キログラム未満であり、かつ、燃焼室の容積が0.42立方メートル未満である廃棄物焼却炉及び大気汚染防止法第2条第2項に規定するばい煙発生施設を除く。）において発生し、排出口から大気中に排出される硫黄酸化物の量について、地域の区分及び排出口の高さに応じて定める許容限度とする。
ロ　イの許容限度は、次の式により算出した硫黄酸化物の量とする。
　　$q = K \times 10^{-3} He^2$

　　この式において、q、K及びHeは、それぞれ次の値を表すものとする。
　　　q　硫黄酸化物の量（単位　温度が零度であって、圧力が1気圧の状態（以下別表第4において「標準状態」という。）に換算した立方メートル毎時）
　　　K　付表の中欄に掲げる地域の区分ごとに同表の下欄に掲げる数値
　　　He　ハに定める方法により補正された排出口の高さ（単位　メートル）

付表

項	地域の区分	数値
一	川口市、草加市、蕨市、戸田市、八潮市及び三郷市	9.0
二	川越市、所沢市、春日部市、狭山市、上尾市、越谷市、入間市、朝霞市、志木市、和光市、新座市、桶川市、北本市、富士見市、蓮田市、吉川市、ふじみ野	14.5

	市、白岡市、北足立郡伊奈町、入間郡三芳町、南埼玉郡宮代町並びに北葛飾郡杉戸町及び松伏町	
三	一の項及び二の項に掲げる地域以外の地域	17.5

備考　この表の下欄に掲げる数値を適用して算出される硫黄酸化物の量は、大気汚染防止法施行規則（昭和46年厚生省・通商産業省令第 1 号）別表第 1 の備考第 1 号若しくは第 2 号に掲げる測定方法又は昭和57年環境庁告示第76号（硫黄酸化物の量の測定法）により測定して算定される硫黄酸化物の量として表示されたものとする。

ハ　排出口の高さの補正は、次の算式によるものとする。

$$He = Ho + 0.65 \; (Hm + Ht)$$

$$Hm = \frac{0.795\sqrt{Q \cdot V}}{1 + \dfrac{2.58}{V}}$$

$$Ht = 2.01 \times 10^{-3} \cdot Q \cdot (T - 288) \cdot (2.30 \log J + \frac{1}{J} - 1)$$

$$J = \frac{1}{\sqrt{Q \cdot V}} (1480 - 296 \times \frac{V}{T - 288}) + 1$$

これらの式において、He、Ho、Q、V 及び T は、それぞれ次の値を表すものとする。
He　補正された排出口の高さ（単位　メートル）
Ho　排出口の実高さ（単位　メートル）
Q　温度15度における排出ガス量（単位　立方メートル毎秒）
V　排出ガスの排出速度（単位　メートル毎秒）
T　排出ガスの温度（単位　絶対温度）

出典：埼玉県生活環境保全条例施行規則別表第 4 より抜粋

　埼玉県条例の場合は、ばい煙を含む様々な規制基準について、条例第50条とそれに連なる条例施行規則において、 1 カ所でまとめて設定しています。一方、他の地方自治体では、ばい煙や排水などの項目ごとに、別々の箇所で規制基準を設定している場合もあります。

　埼玉県条例では、こうして設定された規制基準について、本条 2 項と 3 項によって、対象事業者に対して遵守を義務付けています。

適用の猶予

　埼玉県条例第50条 4 項のような条文は、規制基準に関する条文において、よく見られるものです。

　条例が制定されたときに対象施設が定められたとしても、その後それが追加されることもありえます。ところが、追加された施設を現に有している事業者からすれば、条例が改正されたことによっていきなり規制基準の遵守を要求されても、投資が必要なこともあり、対応が難しいことが予想されます。

　そこで、第 4 項のような条文によって、追加で対象となった場合は、所定の期間、適用を猶予するという規定が設けられているのです。

　こうした規定は、条例だけでなく、法律においても見られます。定型文として覚えておきましょう。参考までに、大気汚染防止法の規定を紹介しておきます。

大気汚染防止法のばい煙排出基準適用の猶予規定（第13条 2 項）

> **（ばい煙の排出の制限）**
> **第13条**　ばい煙発生施設において発生するばい煙を大気中に排出する者（以下「ばい煙排出者」という。）は、そのばい煙量又はばい煙濃度が当該ばい煙発生施設の排出口において排出基準に適合しないばい煙を排出してはならない。
> **2**　前項の規定は、一の施設がばい煙発生施設となつた際現にその施設を設置している者（設置の工事をしている者を含む。）の当該施設において発生し、大気中に排出されるばい煙については、当該施設がばい煙発生施設となつた日から 6 月間（当該施設が政令で定める施設である場合にあつては、 1 年間）は、適用しない。ただし、その者に適用されている地方公共団体の条例の規定で同項の規定に相当するものがあるとき（当該規定の違反行為に対する処罰規定がないときを除く。）は、この限りでない。

測定義務

　規制基準の遵守規定に関連し、多くの条例では測定義務の規定があります。

　埼玉県条例における測定義務の関連規定は、次の通りです。

埼玉県生活環境保全条例における測定義務規定

> **（ばい煙量等の測定等）**
> **第69条**　別表第 8 の中欄に掲げる施設等からばい煙、気化した炭化水素類、有害大気汚染物質又は排出水（以下この条において「ばい煙等」という。）を排出する者は、当該ばい煙等の量、濃度又は汚染状態について、規則（特定事業場にあっては、水質汚濁防止法施行規則（昭和46年総理府通商産業省令第 2 号。以下この条において「省令」という。））で定めるところにより、それぞれ同表の下欄に掲げる回数（特定事業場に係る回数は、省令第 9 条第 2 号の規定により、当該特定事業場の排出水に係る排水基準（水質汚濁防止法第 3 条第 1 項の排水基準をいう。）に定められた事項のうち、省令様式第 1 別紙 4 により届け出たものについて条例で定める回数とする。）の測定又は算定をし、その結果を記録し、これを保存しなければならない。

　この条文では、ばい煙、気化した炭化水素類、有害大気汚染物質又は排出水の各対象について、規則で定める方法により測定を行い、その結果を記録し、これを保存することを義務付けています。

　測定義務の詳細は、本条例施行規則第49条において、例えば記録を 3 年間保存することなどを定めています。

4 ｜ 届出義務

　次に、規制対象に対する届出義務です。埼玉県生活環境保全条例における届出義務の関連規定は、次の通りです。少し長い引用になりま

すが、環境法における一般的な届出規定の構成がよくわかるので、さっと読んでみてください。

埼玉県生活環境保全条例における届出規定

（指定施設の設置等の届出）

第52条　指定施設（ばい煙、炭化水素類、粉じん又は汚水等に係るものに限る。）を設置しようとする者は、あらかじめ、規則で定めるところにより、氏名又は名称、指定施設の種類及び構造、公害防止の方法等を知事に届け出なければならない。

2　規制地域内の工場若しくは事業場（騒音に係る指定施設が設置されていないものに限る。）に指定施設（騒音に係るものに限る。）を設置しようとする者又は規制地域内の工場若しくは事業場（指定騒音作業が行われていないものに限る。）において指定騒音作業を行おうとする者は、その指定施設の設置の工事又は指定騒音作業の開始の日の30日前までに、規則で定めるところにより、氏名又は名称、指定施設の種類ごとの数又は指定騒音作業の種類、公害防止の方法等を知事に届け出なければならない。

3　規制地域内の工場又は事業場（振動に係る指定施設が設置されていないものに限る。）に指定施設（振動に係るものに限る。）を設置しようとする者は、その指定施設の設置の工事の開始の日の30日前までに、規則で定めるところにより、氏名又は名称、指定施設の種類ごとの数、公害防止の方法等を知事に届け出なければならない。

（経過措置）

第53条　一の施設が指定施設（ばい煙、炭化水素類、粉じん又は汚水等に係るものに限る。）となった際現にその施設を設置している者（設置の工事をしている者を含む。以下この条において同じ。）は、当該施設が当該指定施設となった日から30日以内に、規則で定めるところにより知事に届け出なければならない。

2　一の地域が規制地域となった際現にその地域内の工場若しくは事業場に指定施設（騒音に係るものに限る。以下この項において同じ。）を設置している者若しくはその地域内の工場若しくは事業場において指定騒音作業を行っている者又は一の施設が指定施設となった際現に規制地域内の工場若しくは事業場（その施設以外の指定施設が設置されていないものに限る。）にその施設を設置している者若しくは一の作業が指定騒

音作業となった際現に規制地域内の工場若しくは事業場（その作業以外の指定騒音作業が行われていないものに限る。）においてその作業を行っている者は、それぞれ、当該地域が規制地域となった日又は当該施設若しくは作業が指定施設若しくは指定騒音作業となった日から30日以内に、規則で定めるところにより知事に届け出なければならない。

3　一の地域が規制地域となった際現にその地域内の工場若しくは事業場に指定施設（振動に係るものに限る。以下この項において同じ。）を設置している者又は一の施設が指定施設となった際現に規制地域内の工場若しくは事業場（その施設以外の指定施設が設置されていないものに限る。）にその施設を設置している者は、当該地域が規制地域となった日又は当該施設が指定施設となった日から30日以内に、規則で定めるところにより知事に届け出なければならない。

（指定施設の届出に係る事項の変更等の届出）

第54条　前 2 条の規定による届出をした者は、その届出に係る事項（第 4 項の規定により届け出なければならない事項を除く。）を変更しようとするときは、あらかじめ、規則で定めるところにより知事に届け出なければならない。

2　第52条第 2 項又は前条第 2 項の規定による届出をした者は、工場若しくは事業場（その届出に係る指定施設を設置しているものに限る。）に設置している指定施設（騒音に係るものに限る。以下この項において同じ。）以外の施設が指定施設となったとき、又は工場若しくは事業場（その届出に係る指定騒音作業を行っているものに限る。）において行っている指定騒音作業以外の作業が指定騒音作業となったときは、当該指定施設以外の施設又は当該指定騒音作業以外の作業が指定施設又は指定騒音作業となった日から30日以内に、規則で定めるところにより知事に届け出なければならない。

3　第52条第 3 項又は前条第 3 項の規定による届出をした者は、工場又は事業場（その届出に係る指定施設を設置しているものに限る。）に設置している指定施設（振動に係るものに限る。以下この項において同じ。）以外の施設が指定施設となったときは、当該指定施設以外の施設が指定施設となった日から30日以内に、規則で定めるところにより知事に届け出なければならない。

4　前 2 条の規定による届出をした者は、その届出に係る氏名若しくは名称その他の規則で定める事項に変更があったとき、又はその届出に係る指定施設（騒音又は振動に係る指定施設にあっては、それぞれ、その届

出に係る工場又は事業場に設置している騒音又は振動に係る指定施設のすべて）の使用を廃止し、若しくはその届出に係る工場若しくは事業場における指定騒音作業のすべてを廃止したときは、その日から30日以内に、規則で定めるところにより知事に届け出なければならない。

（実施の制限）

第57条　第52条第1項又は第54条第1項の規定による届出（ばい煙、炭化水素類又は汚水等に係る指定施設に係る届出に限る。以下この条において同じ。）をした者は、その届出の日から60日を経過した後でなければ、それぞれ、その届出に係る指定施設の設置又は変更をしてはならない。

2　知事は、第52条第1項又は第54条第1項の規定による届出に係る事項の内容が相当であると認めるときは、前項に規定する期間を短縮することができる。

（承継）

第58条　第52条第1項又は第53条第1項の規定による届出をした者からその届出に係る指定施設を譲り受け、又は借り受けた者は、当該指定施設に係る当該届出をした者の地位を承継する。

2　第52条第2項若しくは第53条第2項の規定による届出をした者からその届出に係る指定騒音工場等に設置する指定施設（騒音に係るものに限る。）若しくは当該指定騒音工場等における指定騒音作業を行うための機械器具のすべてを譲り受け若しくは借り受けた者又は第52条第3項若しくは第53条第3項の規定による届出をした者からその届出に係る指定振動工場等に設置する指定施設（振動に係るものに限る。）のすべてを譲り受け若しくは借り受けた者は、それぞれ、当該指定施設又は当該指定騒音作業に係る当該届出をした者の地位を承継する。

3　第52条第1項又は第53条第1項の規定による届出をした者について相続、合併又は分割（その届出に係る指定施設を承継させるものに限る。）があったときは、相続人、合併後存続する法人若しくは合併により設立した法人又は分割により当該指定施設を承継した法人は、当該指定施設に係る当該届出をした者の地位を承継する。

4　第52条第2項若しくは第53条第2項の規定による届出をした者について相続、合併若しくは分割（その届出に係る指定騒音工場等に設置する指定施設（騒音に係るものに限る。）又は当該指定騒音工場等における指定騒音作業を行うための機械器具のすべてを承継させるものに限る。）があったとき、又は第52条第3項若しくは第53条第3項の規定による届

> 出をした者について相続、合併若しくは分割（その届出に係る指定振動
> 工場等に設置する指定施設（振動に係るものに限る。）のすべてを承継
> させるものに限る。）があったときは、相続人、合併後存続する法人若
> しくは合併により設立した法人又は分割により当該指定施設若しくは当
> 該機械器具のすべてを承継した法人は、それぞれ、当該指定施設又は当
> 該指定騒音作業に係る当該届出をした者の地位を承継する。
> **5**　前各項の規定により第52条又は第53条の規定による届出をした者の地
> 位を承継した者は、その承継があった日から30日以内に、規則で定める
> ところにより知事に届け出なければならない。

　本条例第52条が届出制度の中心に位置付けられる条文です。1項が
一般的な届出規定であり、2項と3項はそれぞれ騒音と振動固有の規
定となっています。いずれも、対象施設の設置や作業の開始を行おう
とするときは、あらかじめ届け出ることを義務付けています。

　また、第52条1項では、「あらかじめ」届け出ることが義務付けら
れていますが、その具体的な時期は書かれていません。これは、後で
出てくる第57条1項と合わせて読み込むことが必要です。

　第57条1項では、この届出者に対して、届出日から60日を経過した
後でなければ、その届出に係る指定施設の設置をしてはならないと定
めています。つまり、**設置の約60日前には届出をしなければならない**
ということです。

　第54条も重要な規定です。これは、届出事項に変更がある場合の届
出義務を課しています。

　この変更の届出義務規定を読む際の注意点としては、構造等の変更
に関する事項と、軽微な変更に関する事項では、届出期限が異なると
いうことです。

　第54条1項は、いわば、**構造等の変更に関する届出**規定です。これ
は、第57条1項を読むとわかるように、**設置と同様に、約60日前には**

届出をしなければなりません。

　これに対して、第54条４項は、会社名の変更など、**軽微な変更に関する届出**規定です（企業にとって会社名の変更は大きな変更かもしれませんが、環境負荷という観点から言えば軽微な変更です）。この場合は、その変更等の**発生後30日以内に届け出ればよい**ことになっています。

　第58条は、指定施設を譲り受けた者等による承継に関する届出規定です。承継した者は、承継した日から30日以内に届出をしなければなりません。

　こうした届出規定については、規制基準遵守の規定と同様に、他の地方自治体の条例においても、さらには国の環境法においてもよく見られる定型的な条文です。

　環境条例にはこのような条文があることを頭の片隅に入れて読み込んでいくことが環境条例の理解につながります。

5 ｜ 担保措置

改善命令等

　埼玉県生活環境保全条例では、規制対象を定め、そこに規制基準の遵守や届出義務を課すことを確認してきました。

　次に、規制基準の遵守義務に違反した場合、環境条例はどのように定めているのかについて、引き続き、埼玉県生活環境保全条例の例を見ていきましょう。

　埼玉県条例の担保措置は、規制対象に応じていくつかの規制パターンが提示されています。ここでは、炭化水素類に係る指定施設を事例に解説します。

　第55条では、炭化水素類に係る指定施設の設置や構造等の変更届出があった場合に、届出書に記載した計画では規制基準に適合しないと考えられるときは、知事は、届出日から60日以内に限り、公害防止の方法等に関する計画を変更すべきことを勧告することができます。これを、**計画変更勧告**といいます。

　第59条１項では、事業場から気化した炭化水素類を排出する者が規制基準を遵守していないと認めるときは、その者に対し、期限を定めて、必要な限度において、施設の公害防止の方法の改善等必要な措置をとるべきことを勧告することができます。これを、**改善勧告**といいます。

　さらに第59条２項では、上記の計画変更勧告や改善勧告に従わないときは、知事は、その者に対し、期限を定めて施設の公害防止の方法の改善等必要な措置をとるべきことを命じ、又は当該指定施設若しくは当該施設の使用の一時停止を命ずることができます。これらを**改善命令**と**一時停止命令**といいます。

　このように、規制基準遵守義務に違反した場合やそのおそれがある場合、知事に対して改善命令や一時停止命令等の強大な権限が条例で付与されています。

　ちなみに、企業が環境条例の規制事項を管理する際において、こうした担保措置規定や後述する罰則規定をどこまで管理対象とするかどうかは企業の判断だと筆者は考えます。

　これまで取り上げた規制基準遵守義務や届出義務については、見落とせば違反につながりうるので、日頃から法規制の管理シートなどを作成し、これらの義務を書き込み、しっかり管理することが必要でしょう。

　しかし、改善命令等の規定については、そもそもその前提となる規

制基準遵守等の義務を果たしていれば、それが発出されるおそれはありませんし、万が一発出された場合も、それをあえて無視する企業はいないでしょう。その意味では、（知るべきですが）管理対象とするかどうかは各社の判断だろうと筆者は考えているのです。

罰則

　規制基準遵守義務や届出義務、知事の改善命令等に違反した場合、多くの条例では罰則が定められています。

　埼玉県条例でも罰則を定めています。最も重い罰則は、知事の計画変更命令等や改善命令、一時停止命令などの命令に従わなかった場合に、１年以下の懲役又は100万円以下の罰金に処するというものです（第124条）。

　規制基準を遵守しなかった場合にも罰則が直接適用されます（直罰）。その場合は、６カ月以下の懲役又は50万円以下の罰金に処するという罰則です（第126条１項）。

　規制基準違反については、過失の場合は、３カ月以下の禁錮又は30万円以下の罰金に処するという罰則もあります（第126条２項）。つまり、うっかり規制基準を超える汚染をしてしまった時でも不問に付されるということではなく、罰則が適用されるということです。

　届出義務違反にも罰則が適用されます。ばい煙や汚水等の指定施設の設置届出等を行わなかった場合などについては、３カ月以下の懲役又は30万円以下の罰金に処するという罰則があります（第128条）。

6 ｜ 自動車対策

ディーゼル車規制

　埼玉県生活環境保全条例では、以上の大気汚染対策とは別に、自動車の使用に伴う環境負荷低減策も定めています。

　その中心的な規制は、「自動車排出粒子状物質等の排出の抑制」です。わかりやすく言えば、**ディーゼル車規制**です。

　国の法律である**「自動車から排出される窒素酸化物及び粒子状物質の特定地域における総量の削減等に関する特別措置法」（自動車 NOx・PM 法）**でもディーゼル車対策をしていますが、これは、あくまでも、基準を満たさない車種については対策地域内において車検を通させないという仕組みです。対策地域外において車検の通った対象車種を対策地域内で走行させても本法の違反にはなりません。

　これに対して埼玉県条例の規制は、基準を満たさない車種については対策地域内において走行そのものを禁止するというものです。

　実は、この走行禁止を条例で定めている地方自治体は、埼玉県だけではありません。首都圏の１都３県（東京都、埼玉県、神奈川県、千葉県）が共通の取組みをすることにより、対象車種の走行を禁止しているのです。その概要は、次の通りです。

首都圏 1 都 3 県におけるディーゼル車規制

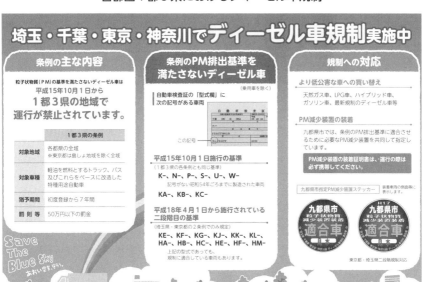

出典：九都県市あおぞらネットワーク「条例の主な内容」パンフレット
http://www.9taiki.jp/regulatory/pdf/content.pdf

低公害車の導入と計画提出義務

　埼玉県条例では、以上の義務とは別に、低公害車の導入や計画提出義務の規定もあります。具体的には、次の通りです。

埼玉県生活環境保全条例における低公害車の導入義務と計画提出義務

規制対象		規制事項
低公害車の導入	県内で200台以上の普通自動車等を事業に使用する者（規則19条）	低公害車の台数の割合を知事が定める割合以上とする（35条、規則19条）
粒子状物質等の排出抑制のための計画の作成等	県内で30台以上の普通自動車等を使用する事業者（規則第19条の2）	(1)　知事の定める指針に基づき、自動車排出粒子状物質等の排出抑制のために必要な計画（低公害車の導入や自動車の使用合理化など）を作成し、提出する（36条、規則19条の2） (2)　毎年、自動車排出粒子状物質等の排出抑制実施状況を報告する（37条、規則19条の3）

アイドリング・ストップ対策

　埼玉県条例には、このほかにも自動車対策の条文が続きますが、他の自治体でもよく見られるアイドリング・ストップに関連する規制を見ておきましょう。

　自動車等（自動車、原動機付自転車、大型特殊自動車、小型特殊自動車）の運転者は、「自動車等の駐車時又は停車時における原動機の停止」（アイドリング・ストップ）を行わなければなりません（第40条）。

　ただし、人の乗降で停車するなど、規則で定める場合は、この限りではありません。

　また、自動車等を事業の用に供する者は、その管理する自動車等の運転者がアイドリング・ストップの義務を遵守するよう適切な措置を

講じなければなりません。

　さらに、20台以上収容又は面積500平方メートル以上の駐車場の設置者及び管理者は、必要な事項を表示したものの掲出等の方法により、当該駐車場を利用する者に対し、アイドリング・ストップを行うよう周知しなければなりません（第41条、規則第21条）。

　なお、埼玉県条例では、冷蔵等の装置を有する貨物自動車の貨物の積卸しをする施設の設置者に対して、アイドリング・ストップを行っている貨物自動車の冷蔵等の装置を稼働させるための外部電源設備を設置するよう努めなければならないという努力義務規定もあります（第42条）。

第3章　公害②　～水質汚濁・土壌汚染

1 水質汚濁対策

国の水質規制関連法令

　国の水質規制関連法令は数多くありますが、その筆頭格は、**水質汚濁防止法**です。

　水質汚濁防止法では、公共用水域に排水する事業場が特定施設を設置しようとするとき、届出が義務付けられ、排水基準を遵守しなければなりません。

　また、地下水汚染対策の規定もあり、有害物質使用特定施設や有害物質貯蔵指定施設の設置等の届出義務や構造等基準の遵守義務があります。さらに、事故時の応急措置や都道府県への報告義務などもあります。

　地方自治体の水質規制の条例は、基本的にはこの水質汚濁防止法の規制対象外の施設に対して、同法に準じた規制を行っています。

　国の水質規制関連法令としては、これ以外に、**下水道法**や**浄化槽法**などがあります。それぞれについて関連条例もあります。

埼玉県生活環境保全条例の水質規制

　埼玉県生活環境保全条例における水質規制の概要は、次の図表の通りです。

埼玉県生活環境保全条例における排水規制の例

規制対象		規制事項
排水規制	指定排水施設：弁当の仕出し・製造用厨房施設など6施設（49条、別表 2 ）	(1)　施設の設置や変更などを行う際に届け出る（52条、規則39条等） (2)　排水基準を遵守する（50条、規則31条、別表 8 〜別表10） (3)　排出水の汚染状態を測定し、その結果を記録し、保存する（69条、規則49条） ※知事による計画変更勧告や改善命令、事故時の措置などに関する規定あり

その規制対象の一覧は、次の図表の通りです。

埼玉県条例における水質規制の対象

4　汚水等に係る指定施設

イ　弁当仕出屋又は弁当製造業の用に供するちゅう房施設（水質汚濁防止法施行令（昭和46年政令第188号）別表第 1 第66号の 5 に掲げるものを除く。）で 1 日当たりの給食能力が350食以上のもの

ロ　共同調理場（学校給食法（昭和29年法律第160号）第 6 条に規定する施設をいう。ハにおいて同じ。）又は病院に設置されるちゅう房施設（水質汚濁防止法施行令別表第 1 第66号の 4 及び第68号の二イに掲げるものを除く。）で 1 日当たりの給食能力が350食以上のもの

ハ　共同調理場及び病院以外の特定給食施設（健康増進法（平成14年法律第103号）第20条第 1 項に規定する施設をいう。）に設置されるちゅう房施設で 1 日当たりの給食能力が350食以上のもの

ニ　コルゲートマシン

ホ　飲食店（水質汚濁防止法施行令別表第 1 第66号の 8 に掲げる飲食店を除き、総床面積が250平方メートル以上のものに限る。）に設置されるちゅう房施設（同表第66号の 6 及び第66号の 7 に掲げるものを除く。）

ヘ　野菜又は果実の洗浄又は切断等による加工（その物の本質を変えないで形態だけを変化させることをいう。）を専ら行う業の用に供する洗浄施設及び原料処理施設

出典：埼玉県生活環境保全条例別表第 2 より抜粋

　このように埼玉県条例では、6 施設を規制対象と定めています。

　これらは、いずれも水質汚濁防止法の規制対象とはなっていません。水質汚濁防止法では、同法施行令別表第 1 により、約100種類の施設を「特定施設」と定めています。特定施設を設置している事業場（特定事業場）に対して、設置等の届出義務や規制基準の遵守を義務付けているのです。

　例えば、埼玉県条例の規制対象の冒頭の「イ」に掲げてある「弁当仕出屋又は弁当製造業の用に供するちゅう房施設（水質汚濁防止法施行令（昭和46年政令第188号）別表第 1 第66号の 5 に掲げるものを除く。）で 1 日当たりの給食能力が350食以上のもの」については、水質汚濁防止法は規制対象にはしていません。

　これに関連した水質汚濁防止法の規制対象は、同法施行令別表第 1 第66の 5 において、「弁当仕出屋又は弁当製造業の用に供するちゆう房施設（総床面積が360平方メートル未満の事業場に係るものを除く。）」と定めています。

　こうした規制対象についての規制事項は、水質汚濁防止法と同様に、設置等の届出、規制基準遵守、測定の義務を課しています。この規制手法については、前述したばい煙等の規制と同じです（P.73〜74参照）。

小規模事業所への条例規制

　排水規制の対象は、国も自治体も、大規模な事業所や環境負荷の大きな事業所であることが多い言えるでしょう。小規模な事業所等については規制対象外になることが少なくありません。

　しかし、事業所ごとの汚水量が少ないとしても、そうした事業所が集積していたり、排水先が閉鎖性の水域であったりする場合は、水質

汚濁の原因になりやすいものです。

　そこで、小規模事業所に対しても排水規制の対象にする自治体があります。

　茨城県にある霞ヶ浦は閉鎖性水域であり、水質汚濁をしやすい湖沼です。2019年3月、茨城県は、茨城県霞ケ浦水質保全条例などを改正し、2021年4月から排水規制を強化することとしました。

　改正の概要は、次の図表の通りです。

茨城県条例における小規模事業所への排水規制強化

小規模事業所の排水の基準が定められています

平成19年（2007年）から霞ヶ浦流域の小規模事業所に遵守いただかなくてはならない排水の基準が，霞ケ浦水質保全条例に定められています。
排水規制強化後も，排水の基準は変更ありません。

	BOD	浮遊物質量	窒素	りん
日間平均	20 mg/L	30 mg/L	–	–
最大	25 mg/L	40 mg/L	45 mg/L	6 mg/L

※　BOD：水中の有機物の量を示す指標

小規模事業所とは

飲食店やコンビニエンスストアなど，下記の定義に当てはまる全ての事業所です。

霞ケ浦水質保全条例での定義
① 法律・条例*の届出対象のうち，排水量10m³/日未満の全ての工場・事業場
② 法律・条例*の届出対象となっていない全ての工場・事業場

＊　法律・条例：
　　水質汚濁防止法，茨城県生活環境の保全等に関する条例，茨城県霞ケ浦水質保全条例

出典：茨城県「霞ヶ浦流域の小規模事業所の排水規制が変わります」より抜粋
　　　https://www.pref.ibaraki.jp/seikatsukankyo/kantai/suishitsu/documents/
　　　kasumijyourei_kaisei.pdf

　改正された条例と改正事項の詳細は、次の通りです。

改正された条例と条例ごとの改正事項

■水質汚濁防止法に基づき排水基準を定める条例
　①霞ヶ浦流域における排水基準の適用排水量の裾下げ【2021年 4 月 1 日
　　施行】
　　　霞ヶ浦流域の特定事業場に対する排水基準（別表第 2 その 9 ）の適
　　用範囲を、 1 日当たりの平均的な排出水の量が10立方メートル未満の
　　ものを含め、全ての特定事業場に拡大します。(第 3 条第 1 項第 2 号)。
　　　また、霞ヶ浦流域の特定事業場のうち、豚房施設、牛房施設及び馬
　　房施設の排水基準（別表第 3 ）の適用範囲を、 1 日当たりの平均的な
　　排出水の量が7.5立方メートル未満のものを含め、全ての特定事業場
　　に拡大します。

②**特定事業場から排出される水の処理施設の排水基準の設定**【2019年 3 月28日施行】

　　特定事業場から排出される水の処理施設（水質汚濁防止法施行令別表第 1 第74号に規定する特定施設。以下「共同処理施設」という。）の排水基準については、共同処理施設に汚水又は廃液を排出する特定事業場に適用される排水基準を適用するものとします（第 3 条第 1 項第 6 号）。

　　また、共同処理施設に汚水又は廃液を排出する特定事業場が複数あり、適用される排水基準が異なる場合は、最も厳しい排水基準を適用されます。

■**茨城県生活環境の保全等に関する条例**

①**規則で定める量未満の排出水を排出する排水特定施設を設置する工場又は事業場（霞ケ浦小規模特定事業場）に係る規制**【2021年 4 月 1 日施行】

　　霞ケ浦小規模特定事業場に適用される排水基準（霞ケ浦小規模特定事業場特定排水基準）を新設（第36条第 3 項）し、当該排水基準を遵守していないときは、計画変更命令等（第40条第 2 項）や改善命令等（第44条第 2 項）を知事が行うことができるようになりました。また、命令違反等に関する罰則が新設されました。

②**特定事業場における排出水の汚染状態の測定に係る見直し**（第46条の 2 ）

　・生物化学的酸素要求量及び化学的酸素要求量の測定について見直しを行い、排水基準が適用となる項目のみを測定すれば足りることとしました。（2019年 3 月28日施行）

　・みなし指定地域特定施設（病床数120以上299以下の病院に設置されるちゅう房施設又は洗浄施設又は入浴施設）を設置する工場又は事業場について、病床数300以上の病院及び病床数120未満の病院と同様に、排出される水の量に応じて週 1 回から年 1 回、排出される水の汚染状態の測定が義務付けられました。（2021年 4 月 1 日施行）

　・霞ヶ浦流域において、排出される水の量が10立方メートル / 日未満の特定事業場について、排出される水の汚染状態（BOD 又は COD、SS）の測定等が義務付けられました。（2021年 4 月 1 日施行）

■茨城県霞ケ浦水質保全条例

①**水質汚濁防止法の特定事業場に係る排水基準の適用排水量の裾下げ**
【2021年 4 月 1 日施行】

　　霞ヶ浦流域の特定事業場に対する排水基準（茨城県霞ケ浦水質保全
条例別表）の適用範囲を、 1 日当たりの平均的な排出水の量が10立方
メートル未満のものを含め、全ての特定事業場に拡大します。

②**規則で定める量未満の排出水を排出する霞ケ浦指定施設を設置する工
場又は事業場（霞ケ浦小規模指定事業場）に係る規制**【2021年 4 月 1
日施行】

　　霞ケ浦小規模指定事業場についても排水基準を遵守していないとき
は、計画変更命令等（第15条）や改善命令等（第20条）を知事が行う
ことができるようになりました。また、命令違反等に関する罰則が新
設されました。

③**特定施設、排水特定施設又は霞ケ浦指定施設を設置していない事業場
（霞ケ浦一般事業場※）からの排出水の排出に係る規制強化**【2021年
4 月 1 日施行】

　　霞ケ浦一般事業場から公共用水域に排出する水が、排水基準を遵守
していないと認めるときは、

　　指導・助言、勧告を行い、勧告に従わないで排出した場合に改善命
令等（第21条の 3 第 4 項）を知事が行うことができるようになりまし
た。また、命令違反に関する罰則が新設されました。

※これまでの「小規模事業所」の定義から、10立方メートル未満の排
　出水を排出する、特定事業場、排水特定施設を設置する工場または
　事業場、及び霞ケ浦指定施設を設置する工場又は事業場を除き、
　「小規模事業所」の用語は「霞ケ浦一般事業場」としました。（第21
　条の 2 第 1 項）。

④**共同処理場から排出される水の処理施設の排水基準の設定**【2019年 3
月28日施行】

　　共同処理場の排水基準については、当該共同処理場に汚水又は廃液
を排出する特定事業場に適用される排水基準を適用するものとします
（別表）。

　　また、共同処理場に汚水又は廃液を排出する特定事業場が複数あ
り、適用される排水基準が異なる場合は、最も厳しい排水基準を適用
されます。

出典：茨城県「茨城県霞ヶ浦水質保全条例等の改正について」
https://www.pref.ibaraki.jp/seikatsukankyo/kantai/suishitsu/law/kasumi-kaisei.
html

2 土壌汚染対策

国の土壌汚染対策法

　土壌汚染に関する国の法令には、土壌汚染対策法と「農用地の土壌の汚染防止等に関する法律」などがあります。一般の事業者が関わる法令としては、前者の土壌汚染対策法と言えるでしょう。

　土壌汚染対策法の基本的な枠組みはシンプルです。まず、ある機会を捉えて、土壌汚染調査が義務付けられています。調査の結果、汚染が確認された場合は、区域が指定され（要措置区域又は形質変更時要届出区域）、厳重に管理されるというものです。さらに、該当区域から汚染土壌を搬出する場合は、事前届出や運搬基準遵守等の義務もあります。

　汚染調査の機会は、主に次の3つです。

土壌汚染対策法の汚染調査の機会

① **有害物質使用特定施設の使用を廃止したとき（法第3条）**
　○ 操業を続ける場合には、一時的に調査の免除を受けることも可能（法第3条第1項ただし書）
　○ 一時的に調査の免除を受けた土地で、900㎡以上の土地の形質の変更を行う際には届出を行い、都道府県知事等の命令を受けて土壌汚染状況調査を行うこと（法第3条第7項・第8項）

② **一定規模以上の土地の形質の変更の届出の際に、土壌汚染のおそれがあると都道府県知事等が認めるとき（法第4条）**
　○ 3,000㎡以上の土地の形質の変更又は現に有害物質使用特定施設が設置されている土地では900㎡以上の土地の形質の変更を行う場合に届出を行うこと
　○ 土地の所有者等の全員の同意を得て、上記の届出の前に調査を行い、届出の際に併せて当該調査結果を提出することも可能（法第4条第2項）

> **③土壌汚染により健康被害が生ずるおそれがあると都道府県知事等が認めるとき（法第 5 条）**

出典：環境省「土壌汚染対策法のしくみ」パンフレットより抜粋
　　　https://www.env.go.jp/water/dojo/pamph_law-scheme/pdf/06_chpt4.pdf

　上記を読むとわかりますが、本法では、都道府県知事が事業者と直接相対し、法の運用を行っています。

　都道府県は、本法の規定だけでは土壌汚染対策として不十分と捉えた事項について、条例によって独自に制度化しているのです。

埼玉県生活環境保全条例の土壌規制

　埼玉県生活環境保全条例では、次のように土壌汚染対策を定めています。

埼玉県生活環境保全条例における土壌規制

規制対象		規制事項
土壌汚染の防止	特定有害物質取扱事業者（77条〜79条、規則61条〜63条）	(1)　特定有害物質を適正に管理する（努力義務） (2)　土壌・地下水汚染の状況を調査して知事に報告、公表する（努力義務） (3)　取扱事業所を廃止・除却した場合は土壌汚染の状況を調査し、知事へ報告する (4)　汚染土壌により地下水が汚染され、人の健康に被害が生じるおそれがある場合、汚染土壌の処理を行う (5)　調査の結果、土壌汚染基準を超過した場合は汚染拡散防止措置を講じる（地下水水質浄化措置に関する規定あり）

土壌汚染の防止	土地改変者 (80条、規則66条)	(1) 改変を計画している3000平方メートル以上の土地の履歴調査を行い、知事に報告する
		(2) 調査の結果、土壌汚染のおそれが認められる場合は、土壌汚染状況を調査して結果を知事に報告する
		(3) 土壌汚染基準を超過していることが判明した場合は、汚染拡散防止措置を講じる
		※「埼玉県生活環境保全条例第76条の規定に基づく土壌及び地下水の汚染の調査及び対策に関する指針」に基づき調査を行う

　国の土壌汚染対策法との対比で言えば、上記の2つの分類は、前者の「特定有害物質取扱事業者」が、法第3条の有害物質使用特定施設の関係であり、後者の「土地改変者」が、法第4条の土地形質変更の関係であると言えます。

　まず、前者については、土壌汚染対策法の場合、有害物質使用特定施設が廃止される場合に汚染調査が義務付けられています。ここで言う「有害物質使用特定施設」とは、特定有害物質を使用している、水質汚濁防止法の特定施設に限定されています。

　これに対して、埼玉県条例の場合、有害物質使用特定施設に限定していません。「特定有害物質取扱事業者」とは、「特定有害物質を取り扱い、又は取り扱っていた事業所（規則で定める事業所を除く。以下この節において「特定有害物質取扱事業所」という。）を設置している者（相続、合併又は分割によりその地位を承継した者を含む。以下この節において「特定有害物質取扱事業者」という。）」（条例第77条1項）と、特定有害物質を取り扱っている事業者全般に範囲を広げているのです。

　また、後者の「土地改変者」については、土壌汚染対策法の場合、原則として3,000㎡以上の土地の形質変更の場合に届け出ることなどとなっており、条例の規制対象とかなり重なってきます。

　ただし、条例の場合は、その改変をしようとする土地について、「過去の特定有害物質取扱事業所の設置の状況等を調査し、その結果を知事に報告しなければならない」としており（条例第80条１項）、土地の履歴調査の提出も義務付けています。これが、条例独自の主要な規定と言えるでしょう。

　この埼玉県条例のように、各都道府県の条例において土壌汚染対策が定められている場合、その多くは、土壌汚染対策法の規制フローに即しながら、その不十分な点であると各都道府県が考えている事項を付加していると思われます。

各地の土壌汚染対策における独自規制

　環境省が毎年、都道府県・政令市における条例等の制定状況をまとめているので、ここに紹介しておきます。

都道府県・政令市における条例等の制定状況（2018年度）

■凡例：「制定状況」の内容
① 　法で定める調査契機の他に独自の調査契機を設けているもの（法で定める調査契機に上乗せの基準を設けているものも含む）。
② 　土壌汚染の有無の判断基準として、法の汚染状態に関する基準以外の独自の基準を設けているもの。
③ 　土壌汚染の存在する場所の情報の登録、管理等を行うもの、また、自発的な土壌汚染調査の結果についても自治体に報告させ管理等を行うもの。
④ 　その他土壌汚染に係る調査・対策を円滑に行うための行政内の関係部局の取り決め等。

⑤　土壌汚染の調査・対策に関する技術的な事項、あるいは、調査・対策を行うものに関する基準、又は指導・監督等の仕組みを設けているもの。

⑥　汚染土壌処理施設に関する基準を設けている、又は指導・監督等の仕組みを設けているもの。

⑦　汚染原因者等に対して、対策の費用を負担させるもの、あるいは土地所有者に対して土壌汚染の未然防止を図るもの。

⑧　土壌汚染の防止、有害物質の地下浸透規制に関する訓示的条項を含むもの。

自治体名	条例名	制定状況
北海道	北海道公害防止条例	⑧
青森県	青森県公害防止条例	⑧
岩手県	県民の健康で快適な生活を確保するための環境の保全に関する条例 岩手県土壌汚染対策指針	①③④⑦ ⑤
宮城県	汚染土壌処理施設の設置等に関する指導要綱	⑥
山形県	山形県生活環境の保全等に関する条例 山形県汚染土壌等の処理に関する指導要綱	①④⑦⑧ ⑥
福島県	福島県産業廃棄物等の処理の適正化に関する条例	④⑤
茨城県	茨城県生活環境の保全等に関する条例	④
栃木県	栃木県生活環境の保全等に関する条例 栃木県汚染土壌処理に関する指導要綱	⑧ ⑥
群馬県	群馬県の生活環境を保全する条例	①⑤⑦⑧
埼玉県	埼玉県生活環境保全条例	①⑤⑦⑧
千葉県	千葉県環境保全条例	⑧
東京都	都民の健康と安全を確保する環境に関する条例 東京都土壌汚染対策指針	①③⑤⑦⑧　　改正 ⑤　　　　　　改正

	東京都汚染土壌処理施設の周辺環境への配慮の手続に関する要綱	⑥	改正
神奈川県	神奈川県生活環境の保全等に関する条例	①②③④⑤⑥⑧	
新潟県	新潟県生活環境の保全等に関する条例	①③⑦⑧	
石川県	ふるさと石川の環境を守り育てる条例	⑦	
福井県	福井県公害防止条例	⑧	
山梨県	工場等における地下水汚染防止対策指導指針	⑧	
長野県	長野県公害防止に関する条例	⑧	
岐阜県	岐阜県地下水の適正管理及び汚染対策に関する要綱 岐阜県汚染土壌処理業に関する指導要綱	③⑤⑦⑧ ⑥	
静岡県	静岡県生活環境の保全等に関する条例 静岡県汚染土壌適正処理指導要綱	⑧ ⑥	
愛知県	県民の生活環境の保全等に関する条例 愛知県土壌汚染等対策指針	①③⑤⑥⑦⑧　改正 ⑤　　　　　　改正	
三重県	三重県生活環境の保全に関する条例 三重県汚染土壌処理業に関する指導要綱	①③⑤⑥ ⑥	
滋賀県	滋賀県公害防止条例	①⑤	
京都府	京都府環境を守り育てる条例	⑧	
大阪府	大阪府生活環境の保全等に関する条例 大阪府汚染土壌処理業の許可の申請に関する指導指針 大阪府土壌汚染に係る自主調査及び自主措置の実施に関する指針	①②③⑤⑦⑧　改正 ⑥ ③④⑤	
兵庫県	環境の保全と創造に関する条例	⑧	
奈良県	生活環境保全条例	⑧	
和歌山県	県和歌山県公害防止条例	⑧	
鳥取県	鳥取県公害防止条例	⑧	

島根県	島根県汚染土壌処理業の許可に関する指導要綱	⑥	
岡山県	岡山県環境への負荷の低減に関する条例 岡山県汚染土壌の処理に係る指導要綱 土壌汚染等発見時の周辺調査及び公表に関する指針	③⑧ ⑥ ③	改正
広島県	広島県生活環境の保全等に関する条例	①⑦⑧	
徳島県	徳島県生活環境保全条例	②③⑤⑦⑧	改正
香川県	香川県生活環境の保全に関する条例	①③⑦⑧	改正
愛媛県	愛媛県汚染土壌処理業の許可等に関する指導要綱	⑥	
福岡県	福岡県公害防止等生活環境の保全に関する条例 福岡県土壌汚染対策指導要綱	⑧ ④	
熊本県	熊本県地下水保全条例	⑦⑧	
宮崎県	みやざき県民の住みよい環境の保全等に関する条例 宮崎県汚染土壌処理業の許可の申請に関する指導要綱	⑧ ⑥	
沖縄県	沖縄県生活環境保全条例	④	
札幌市	札幌市生活環境の確保に関する条例	⑧	
旭川市	旭川市汚染土壌処理業の許可に関する指導要綱	⑥	
青森市	青森市土壌汚染対策法第条第項の届出に係る添付書類等を定める要領	④	
八戸市	八戸市公害防止条例 八戸市汚染土壌処理業許可等に関する指導要綱	⑦⑧ ⑥	
秋田市	秋田市汚染土壌等の処理に関する指導要綱	⑥	
山形市	山形市汚染土壌の処理に関する指導要綱	⑥	

いわき市	いわき市土壌汚染要措置区域等に係る台帳等の閲覧に関する事務処理要領	④	
水戸市	水戸市公害防止条例	⑧	
宇都宮市	宇都宮市汚染土壌処理に関する指導要綱	⑥	
前橋市	土壌及び地下水汚染対策要綱	④	
高崎市	高崎市公害防止条例	⑧	
太田市	太田市土壌汚染対策法関係施行要領 太田市汚染土壌処理業許可等に関する指導要綱	④ ⑥	
さいたま市	さいたま市生活環境の保全に関する条例	①⑤⑦	
川越市	汚染土壌処理業の許可に関する手続を定める要綱	⑥	
熊谷市	熊谷市汚染土壌の処理業許可に関する手続き等を定める指針	⑥	
川口市	川口市汚染土壌処理業の申請の手続等に関する要綱	⑥	改正
草加市	草加市公害を防止し市民の環境を確保する条例	①⑦	
越谷市	越谷市汚染土壌処理業の許可申請の手続等に関する要綱	⑥	改正
千葉市	千葉市環境基本条例 千葉市環境保全条例 千葉市土壌汚染対策指導要綱 千葉市汚染土壌処理業許可等に関する指導要綱	⑧ ⑧ ①⑤⑦ ⑥	
市川市	市川市環境保全条例 市川市汚染土壌処理業の許可等に関する指導要綱	①③⑤⑦⑧ ⑥⑧	
船橋市	船橋市環境保全条例	⑧	

柏市	柏市環境保全条例	⑧	
柏市	汚染土壌処理業許可等指導要綱	⑥	
市原市	市原市生活環境保全条例 市原市民の環境をまもる基本条例	⑧ ⑧	
八王子	市八王子市汚染土壌処理施設の周辺環境への配慮の手続に関する要綱	⑥	改正
町田市	町田市汚染土壌処理施設の周辺環境への配慮の手続に関する要綱	⑥	改正
横浜市	横浜市生活環境の保全等に関する条例 横浜市公共用地等取得に係る土壌汚染対策事務処理要綱 汚染土壌処理業許可申請前対策指針 土地の形質の変更に伴う公害の防止に関する指針	①②③⑤⑥⑦⑧ ①⑦ ⑥ ⑧	
川崎市	川崎市公害防止等生活環境の保全に関する条例 川崎市汚染土壌処理施設許可等に関する事務手続要綱 汚染土壌処理施設等専門家会議要綱	①②⑤⑧ ⑥ ⑥	
横須賀	市横須賀市適正な土地利用の調整に関する条例	⑧	
新潟市	新潟市生活環境の保全等に関する条例	⑧	
金沢市	金沢市環境保全条例	④	
福井市	福井市公害防止条例	⑧	
長野市	長野市公害防止条例	①③⑤⑧	
岐阜市	岐阜市地下水保全条例	③⑦⑧	
静岡市	静岡市汚染土壌適正処理指導要綱	⑥	
浜松市	浜松市土壌・地下水汚染対策に関する要綱	①②③④⑦⑧　改正	
名古屋市	市民の健康と安全を確保する環境の保全に関する条例	①③⑤⑦⑧	

	土壌汚染等対策指針	⑤	
	土壌汚染等の報告に係る公表等に関する指針	③	
	名古屋市汚染土壌処理業許可等申請手数料条例	⑥	
豊橋市	豊橋市汚染土壌処理業に関する指導要綱	⑥	
	豊橋市産業廃棄物処理施設及び汚染土壌処理施設の設置に係る紛争の予防及び調整に関する条例	⑥	
	豊橋市産業廃棄物処理施設及び汚染土壌処理施設の設置に係る紛争の予防及び調整に関する条例施行規則	⑥	
岡崎市	岡崎市生活環境保全条例	①④⑤⑦	
	岡崎市土壌汚染等対策指針	⑤	
	岡崎市土壌汚染対策法に係る事務処理要綱	③	
一宮市	一宮市土壌汚染対策法に係る事務処理要綱	⑤	
春日井市	春日井市土壌汚染対策法施行細則	④	
	春日井市生活環境の保全に関する条例	①	
	春日井市土壌汚染等の報告に係る公表等に関する指針	③	
豊田市	豊田市土壌汚染対策法施行要綱	④	
京都市	京都市汚染土壌処理業の許可に係る手続等に関する要綱	⑥	
大阪市	大阪市汚染土壌処理業の許可の申請に関する指導要綱	⑥	
堺市	堺市汚染土壌処理業の許可の申請に係る協議等に関する要綱	⑥	
岸和田市	岸和田市汚染土壌処理業の許可の申請に関する指導指針	⑥	新規
吹田市	吹田市汚染土壌処理業の許可の申請に関する指導指針	⑥	

高槻市	高槻市汚染土壌処理業の許可の申請に関する指導要綱	⑥	
枚方市	枚方市公害防止条例	⑧	
	枚方市汚染土壌処理業の許可申請に伴う事前周知等に係る指導に関する要綱	⑥	
茨木市	茨木市汚染土壌処理業の許可の申請に関する指導要綱	⑥	
八尾市	八尾市公害防止条例	⑧	改正
寝屋川市	寝屋川市汚染土壌処理業の許可の申請に関する指導要綱	⑥	
東大阪市	東大阪市生活環境保全等に関する条例	⑧	
	東大阪市汚染土壌処理業の許可の申請に関する指導指針	⑥	
姫路市	姫路市汚染土壌処理業の許可の申請に関する指導要綱	⑥	
尼崎市	尼崎市の環境を守る条例	⑧	
	工場跡地に関する取扱要綱	④	
	尼崎市汚染土壌処理業の許可の申請に関する指導要綱	⑥	
	尼崎市汚染土壌処理業者に対する行政処分実施要領	⑥	
	土壌汚染及び地下水汚染情報の記者資料提供に係る事務取扱要領	④	新規
西宮市	西宮市汚染土壌処理業の許可申請に伴う汚染土壌処理施設の設置等に関する指導要綱	⑥	新規
加古川市	加古川市汚染土壌処理業の許可の申請に関する指導要綱	⑥	
和歌山市	和歌山市汚染土壌処理業の許可申請に係る生活環境影響調査の事前協議に関する要綱	⑥	
岡山市	岡山市汚染土壌の処理に係る指導要綱	⑥	
	岡山市環境影響評価条例	⑥	新規

倉敷市	倉敷市汚染土壌処理に関する指導要綱	⑥	改正
福山市	福山市汚染土壌処理施設の設置に係る地元調整に関する要綱	⑥	
徳島市	徳島市汚染土壌処理業に関する指導要綱	⑥	
北九州市	北九州市土壌汚染対策指導要領	②③	
佐世保市	佐世保市環境保全条例	⑧	
熊本市	熊本市土壌汚染対策法の施行に係る事務処理要綱 熊本市地下水、土壌及び公共用水域の汚染防止対策要綱	④ ④⑧	
宮崎市	宮崎市汚染土壌処理業の許可の申請に関する指導要綱	⑥	

「④ その他土壌汚染に係る調査・対策を円滑に行うためのもの」の内容

自治体名	内容
岩手県	有害物質取扱者は年 1 回以上、土壌又は地下水を調査し、基準超過の場合、知事へ報告することを規定している。
山形県	有害物質使用特定事業場（一部除外規定有）に対し、年 1 回以上、地下水または土壌の測定を義務化。また、汚染判明時には、知事への報告、措置の実施を行わせるもの。
福島県	土壌汚染対策法が適用されない汚染土壌の適正な処分を確保するため、汚染土壌の処分基準等を規定している。
茨城県	特定の有害物質を使用する施設の届出と土壌及び地下水の汚染防止のための構造基準、定期点検義務、汚染時の対応、違反に対する処分等を規定している。
神奈川県	要措置区域等や汚染が判明している特定有害物質使用地において、土地の区画形質を変更する場合、周辺住民等への周知を義務付けている。

大阪府	自主調査及び自主措置（以下「自主調査等」という。）の実施に関する基本的な事項を定めることにより、適切で、かつ客観性がある自主調査等が実施され、およびその結果が適切に活用されることを目的とする。
福岡県	法に規定されていない届出（様式）等を規定している。
沖縄県	特定有害物質等取扱施設における有害物質管理状況の点検の結果、有害物質が土壌に飛散等し、人の健康被害が生ずるおそれがあると認められる場合は、土壌汚染の有無及び当該汚染の原因等に係る調査を行うことを規定している。
青森市	法第 4 条第 1 項の届出対象地について、人為的汚染のおそれの有無を判断するため制定した。
いわき市	指定区域及び有害物質使用特定施設に係る情報の管理及び閲覧など。
前橋市	水質測定計画に基づく調査や事業者からの報告によって判明した地下水汚染、土壌汚染についての対策を規定している。
太田市	一定の規模以上の土地の形質変更届に関する添付書類を規定している。
浜松市	法第 6 条第 1 項第 1 号に定める基準に適合しない場合、地下水を測定することを規定し、汚染の除去等の措置の計画の提出および完了の報告を義務付けている。
金沢市	有害物質等の適正管理による未然防止。有害物質使用特定施設を廃止した土地及び土壌汚染により人の健康に係る被害が生ずるおそれがあると認められる土地について、行政による立入調査及び指導。土壌汚染の指導基準として、溶出基準、含有量基準、全量基準（Cd、T-Hg、Pb、As）を設定。
岡崎市	有害物質使用特定施設（法第 3 条第 1 項に規定する有害物質使用特定施設をいう。）に係る工場又は事業場を設置している者において、建物等の除却時の調査及び土地の売却時の調査を規定している。

春日井市	土壌汚染状況調査の報告期限の延長を申請する際、申請様式を規定している。調査猶予を受けた土地の所有者等に対し、毎年4月30日までに同月1日現在における当該土地の利用状況について、報告することを義務付けている。
豊田市	事業者への各種通知の様式・土地の利用状況の報告を規定している。
尼崎市	工場跡地等の用途転換・再開発等の際に事業者に土地の履歴、有害物質使用の状況等を報告を義務付けている。 土壌・地下水汚染が判明したとき、周辺住民等へ周知を図り、汚染地下水の飲用回避等の健康被害防止の措置を講じるため、公表の取扱いを規定している。
熊本市	調査猶予を受けた土地所有者に年1回、土地利用状況を報告させるとともに、法に規定されていない届出（様式）を規定している。 未然防止のために施設の構造基準等を規定している。

出典：環境省「平成30年度 土壌汚染対策法の施行状況及び土壌汚染調査・対策事例等に関する調査結果」をもとに筆者作成
http://www.env.go.jp/water/report/r1-01/full.pdf

第4章 公害③
～騒音・振動・悪臭・地盤沈下

1 生活環境保全条例の騒音・振動規制

国の騒音規制法・振動規制法の規制とは

　騒音・振動規制に関する国の法令には、**騒音規制法**と**振動規制法**があります。

　この2つの法律は、構成がとても似ています。事業者規制の視点で言えば、大きく、工場・事業場への規制と建設作業への規制に大別されます。それぞれについて、規制対象を定めた上で、届出や規制基準遵守を義務付けています。

埼玉県生活環境保全条例における規制

　埼玉県生活環境保全条例における騒音・振動規制の概要は、次の図表の通りです。

埼玉県生活環境保全条例における騒音・振動規制

規制対象		規制事項
騒音・振動施設規制	(1) 指定騒音施設：木材加工機械など7施設 (2) 指定振動施設：シェイクアウトマシン、オシレイティングコンベア（49条、別表2）	(1) 施設の設置や変更などを行う際に届け出る（52条、規則40条等） (2) 規制基準を遵守する（50条、規則31条、別表12、別表13） ※知事による計画変更勧告や改善命令などの規定あり

騒音作業規制	(1)　業として金属板（厚さ0.5ミリ以上）のつち打加工を行う作業 (2)　業としてハンドグラインダーを使用する作業 (3)　業として電気のこぎり又は電気かんなを使用する作業（49条、別表3）	(1)　作業開始や変更などを行う際に届け出る（52条、規則40条等） (2)　規制基準を遵守する（50条、規則31条、別表12） ※知事による計画変更勧告や改善命令などの規定あり
規制対象作業場等に対する規制	(1)　廃棄物・原材料等を保管するために屋外に設けられた150平方メートル以上の場所 (2)　20台以上の自動車駐車場 (3)　トラックターミナル（50条、別表6）	騒音・振動の規制基準の遵守（50条、規則31条、別表12、別表13） ※知事による改善勧告等の規定あり

　このうち、指定施設の規制対象の一覧は、次の図表の通りです。

埼玉県条例における騒音・振動規制の対象

5　騒音に係る指定施設
　イ　木材加工機械
　　(1)　帯のこ盤（製材用のものにあっては原動機の定格出力が15キロワット未満のもの、木工用のものにあっては原動機の定格出力が2.25キロワット未満のものであること。）
　　(2)　丸のこ盤（製材用のものにあっては原動機の定格出力が15キロワット未満のもの、木工用のものにあっては原動機の定格出力が2.25キロワット未満のものであること。）
　　(3)　かんな盤（原動機の定格出力が2.25キロワット未満のものであること。）
　ロ　合成樹脂用の粉砕機
　ハ　ペレタイザー

> 　　ニ　コルゲートマシン
> 　　ホ　シェイクアウトマシン
> 　　ヘ　ダイカスト機
> 　　ト　冷却塔（原動機の定格出力が0.75キロワット以上のものに限る。）
> 　六　振動に係る指定施設
> 　　イ　シェイクアウトマシン
> 　　ロ　オシレイティングコンベア

出典：埼玉県生活環境保全条例別表第 2 より抜粋

　これらの規制対象は、国の騒音規制法・振動規制法それぞれの「特定施設」以外の施設となります。

　また、「業として金属板（厚さ0.5ミリ以上）のつち打加工を行う作業」などの 3 つの作業については、「施設」ではありません。こうした作業を行う場合などに届出義務と規制基準を遵守することになります。

　さらに、「廃棄物・原材料等を保管するために屋外に設けられた150平方メートル以上の場所」や「20台以上の自動車駐車場」などがある場合、届出義務はないものの、規制基準遵守が義務付けられています。届出義務がないことにより、自らの規制が適用されていないと誤解する企業を時折見かけますので、こうした規制には注意が必要です。

　なお、さいたま市では、本条例ではなく、「さいたま市生活環境の保全に関する条例」が適用されます。

2 | 生活環境保全条例の悪臭規制

国の悪臭防止法の規制とは

　国の**悪臭防止法**では、規制地域を定めた上で、規制基準を設定し、事業者に対してその遵守を義務付けています。

　騒音規制法や振動規制法など、他の公害規制の法律と大きく異なる点としては、規制対象となる施設などを定めていないことです。それに伴って、届出義務もありません。規制地域内の事業者すべてに対して、規制基準の遵守を求めているのです。

　また、規制基準も 2 種類あり、都道府県知事がどちらかを選ぶことができます。

　1 つは、アンモニアやトルエンなどの22種類の**特定悪臭物質**の濃度に関する規制基準です。

　もう 1 つは、**臭気指数**の規制基準です。臭気指数とは、国家資格者である臭気判定士による判定で行うものであり、人の嗅覚を用いることによってにおいの程度を数値化するものです。

埼玉県生活環境保全条例における悪臭規制

　埼玉県生活環境保全条例における悪臭規制の概要は、次の図表の通りです。

埼玉県生活環境保全条例における悪臭規制

規制対象		規制事項
悪臭規制	塗装工事業や食料品製造業など13業種（49条、別表 4 ）	悪臭防止法の臭気濃度規制に基づく基準を遵守する（50条、規則31条、別表14）

　法律において特定悪臭物質濃度規制を行っている地域でさいたま市及び草加市を除いた地域を対象に、上記13業種について、臭気濃度規制による規制基準の遵守を義務付けています。

　現在、埼玉県では、次の図表の通り、悪臭防止法に基づく特定悪臭物質規制と臭気指数規制を、埼玉県条例等に基づく臭気指数規制を実施しています。

　他の都道府県の場合でも、このように自社が立地する区域にどの悪臭規制が適用されているのかに留意すべきです。また、法律の特定悪臭物質濃度規制と条例の臭気指数規制の両方が適用されることも忘れないようにしたいものです。

埼玉県における悪臭規制の対象地域

○悪臭防止法規制地域

凡例：
- 物質濃度規制
- 臭気指数規制（基準値1）
- 臭気指数規制（基準値2）
- 臭気指数規制（独自基準）
- 未規制地域

A区域：（B区域・C区域以外の区域）
B区域：（農業振興地域）
C区域：（工業地域・工業専用地域）

○埼玉県生活環境保全条例規制地域（悪臭）

　埼玉県生活環境保全条例（悪臭）規制地域

出典：埼玉県「悪臭防止法による規制」より
　　　https://www.pref.saitama.lg.jp/a0505/documents/470928.pdf
　　　https://www.pref.saitama.lg.jp/a0505/documents/470930.pdf

※さいたま市は「さいたま市生活環境の保全に関する条例」が、草加市は「草加市公害
　を防止し市民の環境を確保する条例」が、それぞれ適用されます。

3 ｜ 生活環境保全条例の地盤沈下規制

国の地盤沈下規制とは

　国の地盤沈下規制の法律には、2つあります。

　1つは、**工業用水法**です。製造業、電気供給業、ガス供給業、熱供
給業に用いる揚水機の吐出口断面積が6㎠を超える揚水設備（井戸）
については、その設置に許可が必要となるとともに、構造等の基準を
遵守しなければなりません。

　もう1つは、**「建築物用地下水の採取の規制に関する法律」（ビル用
水法）**です。冷暖房設備、水洗便所、洗車設備、公衆浴場 (浴室面積
150㎡超) に用いる揚水機の吐出口断面積6㎠を超える揚水設備につ

いて、工業用水法と同様に、その設置に許可が必要となるとともに、構造等の基準を遵守しなければなりません。

　いずれの法律も、対象となる井戸は、動力を用いたものに限られます。

埼玉県条例や東京都条例における地盤沈下規制

　埼玉県生活環境保全条例における地盤沈下規制の概要は、次の図表の通りです。

埼玉県生活環境保全条例における地盤沈下規制

規制対象		規制事項
地盤沈下の防止	第 1 種指定地域内（さいたま市は除く）で揚水機を設置しようとする者（86条）	(1)　揚水機の吐出口の断面積（複数ある場合は合算）が 6 平方センチメートル超える場合：許可が必要（86条、87条、規則69条、規則70条） (2)　揚水機の吐出口の断面積（同）が 6 平方センチメートル以下の場合：届出が必要（90条、規則73条）

備考：第 2 種指定地域も定められており、そこでは、揚水機の吐出口の断面積が 6 ㎠を超える揚水施設により地下水を採取しようとする場合は届出が義務付けられている。

※さいたま市では、本条例ではなく、「さいたま市生活環境の保全に関する条例」が適用されます。

　上記の規制パターンは、工業用水法やビル用水法と同様ですが、異なるところは、業種や用途で規制対象を限定していないことです。

　この点について、東京都がわかりやすい図表を示しているので、引用しておきましょう。

東京都内における地盤沈下規制

動力を用いた揚水施設（井戸）を設置する方へ

〔規制のポイント〕

・井戸を設置※する時　→　井戸の構造等を法や条例が定める基準に適合させて下さい。

・一定規模以上の井戸の設置者　→　揚水量を測定し、知事（区長、市長）に報告して下さい。

※井戸の新設の他、条例はストレーナーの位置、吐出口断面積及び揚水機出力を変更する場合、「工業用水
法」、「ビル用水法」は、ストレーナーの位置を浅くする場合及び吐出口断面積を大きくする場合も含む。

（1）揚水施設（井戸）を設置する場合に適用される法令と規制の内容

法令	対 象 施 設	対象地域	規 制 内 容※5 （詳細は次頁参照）	設置前に行う 手続き
環境確保条例※1	平成28年7月1日以降に設置する、動力を用いる全ての揚水施設（井戸）※4 （一戸建て住宅で家事用のみに使用するものは揚水機の出力300ワットを超える揚水施設） ※工事等の一時的な揚水のために設置する揚水施設は除く。	都内全域 ただし、奥多摩町、檜原村及び島しょを除く。	揚水機の吐出口断面積が、 ①6cm²を超え、21cm²以下の揚水施設 →ストレーナー位置 ②6cm²以下の揚水施設 →揚水機出力、揚水量	工場に設置する場合は、「認可の申請」 工場以外に設置する場合は「届出」
工業用水法	「製造業」、「電気供給業」、「ガス供給業」及び「熱供給業」に用いる、揚水機の吐出口断面積が6cm²を超える井戸	板橋区、足立区 北区、江戸川区 葛飾区、江東区 墨田区、荒川区	揚水機の吐出口断面積 ストレーナー位置	許可の申請
ビル用水法※2	「冷暖房用設備」、「水洗便所」、「洗車設備」及び「公衆浴場（浴室床面積150㎡を超えるもの）」に用いる、揚水機の吐出口断面積が6cm²を超える揚水設備（井戸）	23区	揚水機の吐出口断面積 ストレーナー位置	許可の申請
温泉法※3	温泉をゆう出する目的で設置する施設（井戸）	板橋区、足立区 北区、江戸川区 葛飾区、江東区 墨田区、荒川区	動力装置の吐出口 断面積：6cm²以下 揚湯量：50m³／日以下	「土地の掘削」及び「増掘・動力の装置」の許可の申請
		上記の地域、山間部、山間部周辺地域及び島しょ部を除く	動力装置の吐出口 断面積：21cm²以下 揚湯量：150m³／日以下	

※1　正式名称は「都民の健康と安全を確保する環境に関する条例」

※2　正式名称は「建築物用地下水の採取の規制に関する法律」

※3　「温泉動力の装置の許可に係る審査基準」（平成10年7月1日付東京都告示第724号）による規制

※4　条例施行日（平成13年4月1日）から平成28年6月30日までに設置された揚水施設は、揚水機の出力300ワットを超える揚水施設（用途は問わない）が対象。

※5　法の対象施設や非常災害等公益上必要と知事が認める施設等に、条例の規制内容は適用しない。

（２）揚水施設(井戸)により揚水する時の、揚水量の測定と報告に関する環境
　　確保条例の規定

対　象　施　設	対象地域	測定方法	報告方法	備　考
動力を用いる全ての揚水施設（一戸建て住宅で家事用のみに使用するものは揚水機の出力３００ワット超の揚水施設）※	都内全域（島しょを除く）	規則が定める量水器を設置し、測定	区長、市長（町村部は知事）に年１回報告する。	工業用水法等の法律の許可施設等も対象とする。

※　動力を用いて揚水するものに限られるため、手押しポンプは規制対象外

揚水施設の構造基準等（工業用水法、ビル用水法及び環境確保条例に適用）

〔注意！〕下表に示すストレーナー深度より深い地層から地下水を汲めば、地盤沈下は起こらないということではありません。必要最小限の揚水にご協力ください。

	吐出口の断面積※	対　象　地　域	ストレーナーの位置	揚水機出力	揚水量の上限
条例のみ	6cm²以下のもの	23区26市及び瑞穂町、日の出町	制限なし	2.2kw以下	平均10m³／日 最大20m³／日
法・条例 共通	6cm²を超え21cm²以下のもの	葛飾区、足立区（荒川左岸の地域に限る）、江戸川区（荒川左岸の地域に限る）	650メートル以深とすること	制限なし	制限なし
		墨田、江東、北、荒川、板橋、足立（荒川右岸の地域に限る）、練馬、江戸川（荒川右岸の地域に限る）の各区	550メートル以深とすること		
		千代田、中央、港、新宿、文京、台東、渋谷、中野、杉並、豊島の各区、武蔵野、三鷹、小金井、小平、東村山、東大和、清瀬、東久留米、武蔵村山、西東京の各市	500メートル以深とすること		
		品川、目黒、大田、世田谷の各区、八王子、立川、青梅、府中、昭島、調布、町田、日野、国分寺、国立、福生、狛江、多摩、稲城、羽村、あきる野の各市、瑞穂町、日の出町	400メートル以深とすること		
	21cm²を超えるもの	23区26市及び瑞穂町、日の出町	設置禁止		

※環境確保条例に関して、非常災害時に、水道水の代替水として利用することを目的に設置する井戸など、　知事（区・市長）が認める揚水施設には、本表の構造基準等は適用されません。ただし、平常時は、揚水施設の円滑な稼働のために必要な最小限の維持管理用の運転のみに限られるなどの条件がありますので、担当課に確認してください。上記の認められた場合を除き、吐出口の断面積は当該事業所若しくは敷地内にある揚水施設の吐出口の断面積の合計。

［敷地内の井戸を掘る位置について］
　環境確保条例上は規定はありませんが、民法では、井戸等を掘る場合には、境界線から２ｍ以上離さなければならないと定められています（民法第237条）。

出典：東京都「地下水揚水規制のあらまし」パンフレットより抜粋
https://www.kankyo.metro.tokyo.lg.jp/water/groundwater/pumping_regulations/outline.files/01.pdf

第 **5** 章　廃棄物・循環型社会

1 | 国の廃棄物・循環型社会関連法令

　廃棄物・循環型社会に関連する法令は多岐にわたりますが、事業者が最も気をつけたい法律として **「廃棄物の処理及び清掃に関する法律」（廃棄物処理法）** を挙げることに反対する企業関係者はいないと思います。その遵守の難しさは、他の環境法令の比ではないのではないでしょうか。

　廃棄物処理法では、廃棄物を一般廃棄物と産業廃棄物に分類し、それぞれを規制しています。企業の立場から言えば、事業活動に伴って排出される主に20種類の廃棄物が産業廃棄物であり、それ以外の廃棄物が（事業系）一般廃棄物となります。産業廃棄物については、特に排出事業者責任が強調され、保管基準を遵守した産業廃棄物の保管が義務付けられます。また、許可のある産業廃棄物処理業者と所定の契約を行い、マニフェストの義務を遵守しながら処理を委託しなければなりません。

　本法以外の関連法令としては、**「ポリ塩化ビフェニル廃棄物の適正な処理の推進に関する特別措置法」（ＰＣＢ廃棄物特措法）** や、**「容器包装に係る分別収集及び再商品化の促進等に関する法律」（容器包装リサイクル法）** 等の各種リサイクル法などがあります。

　本分野の地方自治体の条例を見ると、基本的には、廃棄物処理法に関連した条例が数多く見られます。

2 | 都道府県・政令市とその他市町村の関係

　廃棄物に関して、様々な地方自治体で様々な種類の条例があります。大きく分類すると、都道府県・政令市レベルでは産業廃棄物を規制する条例があります。一方、市町村では、一般廃棄物を規制する条例があります。

　ここで言う「政令市」とは、廃棄物処理法の定める「政令市」を言います。具体的には次の通りです。

廃棄物処理法施行令が定める政令市

> **（政令で定める市の長による事務の処理）**
> **第27条**　法に規定する都道府県知事の権限に属する事務のうち、次に掲げる事務以外の事務は、地方自治法（昭和22年法律第67号）第252条の19第1項に規定する指定都市の長及び同法第252条の22第1項に規定する中核市の長（以下この条において「指定都市の長等」という。）が行うこととする。(以下略)

　廃棄物処理法においては、政令指定都市、中核市が都道府県の権限のかなりの部分を持つことが認められています。都道府県は産業廃棄物に関する権限を持っているので、それは政令指定都市や中核市も持つことになるということです。

　つまり、産業廃棄物に関する条例については、都道府県だけでなく、政令指定都市や中核市でもつくられる可能性があるのです。

　また、廃棄物処理法では、「市町村は、一般廃棄物処理計画に従って、その区域内における一般廃棄物を生活環境の保全上支障が生じないうちに収集し、これを運搬し、及び処分……しなければならない。」

（第 6 条の 2 第 1 項）と定めており、一般廃棄物については市町村が
責任をもって処理するとしています。このことから、市町村が、廃棄
物処理法の細則を定めたり、一般廃棄物に関する独自規制を定めたり
するために、条例を制定することがあります。おそらく大半の市町村
では、こうした条例を定めているのではないでしょうか。

3 | 都道府県条例の廃棄物対策

愛知県条例の概要

　都道府県・政令市の条例の例として、「（愛知県）廃棄物の適正な処
理の促進に関する条例」を取り上げます。

　本条例の概要は、次の通りです。

愛知県廃棄物適正処理条例における産業廃棄物対策規制

規制対象		規制事項
産業廃棄物対策	産廃処理を委託する排出事業者	(1)　県内産業廃棄物の処理の委託前に、当該委託に係る処理を適正に行うために必要な施設を有することについて、処理施設及び保管の場所の状況を確認する（7 条、規則 3 条） (2)　委託期間が 1 年以上にわたる場合、1 年に 1 回以上、産業廃棄物処理業者が当該処理を適正に行っていることについて、処理施設及び保管の場所の状況を確認する（7 条、規則 3 条） (3)　上記(2)の確認は、事業者自らが実地に調査をする方法又は事業者の関係会社、同業者団体等に実地に調査をさせ報告を受ける方法により実施する（7 条、規則 3 条）

		※産業廃棄物処理業者が中間貯蔵・環境安全事業株式会社又は優良産業廃棄物処理業者である場合を除く (4) 委託先で不適正処理を知ったときは知事に届け出る（7条） (5) 確認事項等を記録した書類を、記録をした日から5年間保存する（7条、規則3条） ※排出事業者が確認義務に違反している場合には、知事は確認をすべきことを勧告し、勧告に従わない場合は、その旨を公表する
産業廃棄物関連の届出	産業廃棄物の屋外保管等	(1) 特定の産業廃棄物の屋外保管の事前届出（22条、規則24条） (2) 県内への産業廃棄物搬入時の届出（8条、規則4条） (3) 小型焼却施設設置の事前届出（12条、規則15条）
処理施設関連の規制	(1) 小型焼却炉を持つ排出事業者 (2) 産廃処理施設をもつ処理業者	処理する廃棄物の種類や量、ダイオキシンなどの環境測定結果の記録・保存（住民の請求があれば閲覧できること）（11条、規則14条）
処理施設関連の規制	廃棄物の焼却施設や最終処分場等の許可を受けようとする事業者	事前に計画内容を周知するための説明会を開催（9条、規則9条）

愛知県廃棄物適正処理条例の実地確認義務とは

　本条例の規制のうち、排出事業者にとって最も注目すべき規制は、図表冒頭に掲げている、産業廃棄物処理場等への実地確認義務です。

　愛知県廃棄物適正処理条例における具体的な条文は次の通りです。

愛知県廃棄物適正処理条例における実地確認義務規定

（愛知県）廃棄物の適正な処理の促進に関する条例
（処理を委託する場合における確認等）

第 7 条　事業者は、県内に設置する事業場において生ずる産業廃棄物（法第12条第 5 項に規定する中間処理産業廃棄物を含む。以下「県内産業廃棄物」という。）の運搬又は処分を産業廃棄物処理業者に委託しようとするときは、規則で定めるところにより、当該産業廃棄物処理業者が当該委託に係る産業廃棄物を処理する能力を備えていることを確認しなければならない。

2　県内産業廃棄物の運搬又は処分を産業廃棄物処理業者に委託した事業者は、当該委託に係る県内産業廃棄物の適正な処理を確保するため、規則で定めるところにより、当該県内産業廃棄物の処理の状況を定期的に確認しなければならない。

3　知事は、事業者が前 2 項の規定による確認をしていないと認めるときは、当該事業者に対し、これらの規定による確認をすべきことを勧告することができる。

4　知事は、前項の規定による勧告をした場合において、事業者が正当な理由がなくてその勧告に従わないときは、規則で定めるところにより、その旨及びその勧告の内容を公表することができる。

5　知事は、前項の規定による公表をしようとするときは、あらかじめ当該事業者に対し、意見を述べる機会を与えなければならない。

6　県内産業廃棄物の運搬又は処分を産業廃棄物処理業者に委託した事業者は、当該委託に係る県内産業廃棄物について産業廃棄物の不適正な処理が行われたことを知ったときは、速やかに、当該県内産業廃棄物が適正に処理されるよう必要な措置を講ずるとともに、当該産業廃棄物の不適正な処理の状況及び講じた措置の内容を知事に届け出なければならない。

（愛知県）廃棄物の適正な処理の促進に関する条例施行規則
（処理を委託する場合における確認等）

第 3 条　条例第 7 条第 1 項の規定による確認は、産業廃棄物処理業者が当該委託に係る県内産業廃棄物の運搬又は処分を適正に行うために必要な施設を有することについて、当該委託をしようとする事業者が、次に掲げる事項を確認することにより行わなければならない。

一　当該委託に係る運搬又は処分が行われる施設の状況

二　当該委託に係る産業廃棄物の保管の場所の状況

2　条例第 7 条第 2 項の規定による確認は、当該委託に係る産業廃棄物処理業者が、当該県内産業廃棄物の運搬又は処分を適正に行っていることについて、当該委託の期間が 1 年以上（その期間の更新により 1 年以上となる場合を含む。）にわたる場合に、当該委託をした事業者が、1 年に 1 回以上、次に掲げる事項を確認することにより行わなければならない。

一　当該委託に係る運搬又は処分が行われている施設の状況

二　当該委託に係る産業廃棄物の保管の場所の状況

3　前 2 項の確認は、これらの項に規定する産業廃棄物処理業者（第 2 号ハにおいて「受託者」という。）が中間貯蔵・環境安全事業株式会社又は優良産業廃棄物処理業者（令第 6 条の 9 第 2 号、第 6 条の11第 2 号、第 6 条の13第 2 号又は第 6 条の14第 2 号に掲げる者をいう。）である場合を除き、次の各号に掲げるいずれかの方法により行わなければならない。

一　前 2 項に規定する事業者（次号及び次項において「委託者」という。）自らが実地に調査をする方法

二　委託者が次に掲げる者に実地に調査をさせ、その者から当該調査の結果についての報告を受ける方法

　イ　委託者が財務諸表等の用語、様式及び作成方法に関する規則（昭和38年大蔵省令第59号）第 5 条第 1 項第 1 号に規定する財務諸表提出会社である場合における同令第 8 条第 8 項に規定する関係会社

　ロ　委託者が直接又は間接の構成員となっている同業者団体（委託者と同種の事業又は業務に従事する事業者を構成員とする法人をいう。）

　ハ　産業廃棄物の運搬又は処分を適正に行うことができる知識及び技
　　　能を有すると認められる者として知事が定めるもの（受託者を除
　　　く。）
　4　委託者は、次に掲げる事項を記録した書類を、その事務所に備え置
　　き、これを当該記録をした日から起算して 5 年を経過する日までの間、
　　保存しなければならない。
　　一　第 1 項又は第 2 項の確認をした第 1 項各号又は第 2 項各号に掲げる
　　　　事項
　　二　第 1 項又は第 2 項の確認を前項第 1 号に掲げる方法により行った場
　　　　合にあっては、実地に調査をした年月日及び実地に調査をした者の氏
　　　　名
　　三　第 1 項又は第 2 項の確認を前項第 2 号に掲げる方法により行った場
　　　　合にあっては、委託者が実地に調査をさせた者の名称又は氏名及び報
　　　　告を受けた年月日

　上記の通り、本条においては、排出事業者が産業廃棄物の処理を委
託しようとするとき、また委託後は年 1 回以上、産業廃棄物処理場等
を実地に確認することなどを義務付けています。

　排出事業者がこの確認義務に違反している場合については、県が確
認をすべきことを勧告し、さらに勧告に従わない場合は、その旨を公
表するという規定もあります。

廃棄物処理法の「確認」規定とは

　廃棄物処理法では、排出事業者に実地確認を義務付けることを明確
に定めた条文はありません。排出事業者には、許可のある産業廃棄物
処理業者と適切な契約書を締結し、マニフェストの義務を遵守するこ
とにより、排出事業者責任をカバーすることを基本としています。

　ただし、本法の条文中に「確認」という規定はあります。それは、

次の条文です。

廃棄物処理法の「確認」規定

廃棄物の処理及び清掃に関する法律
（事業者の処理）
第12条7項
　事業者は、前2項の規定によりその産業廃棄物の運搬又は処分を委託する場合には、<u>当該産業廃棄物の処理の状況に関する確認を行い</u>、当該産業廃棄物について発生から最終処分が終了するまでの一連の処理の行程における処理が適正に行われるために必要な措置を講ずるように努めなければならない。

備考：下線は筆者。

　この「確認」について、環境省の通知では、次の通り解釈を示しています。

「廃棄物の処理及び清掃に関する法律の一部を改正する法律等の施行について（通知）」（平成23年2月4日環廃対発第110204005号・環廃産発第110204002号）

第9　排出事業者による処理の状況に関する確認の努力義務の明確化
　事業者が委託先において産業廃棄物の処理が適正に行われていることを確認する方法としては、まず、当該処理を委託した産業廃棄物処理業者又は特別管理産業廃棄物処理業者（以下「産業廃棄物処理業者等」という。）の事業の用に供する施設を実地に確認する方法が考えられること。
　また、第11の優良産廃処理業者認定制度に基づく優良認定又は優良確認を受けた産業廃棄物処理業者等に産業廃棄物の処理を委託している場合など、その産業廃棄物の処理を委託した産業廃棄物処理業者等により、産業廃棄物の処理状況や、事業の用に供する産業廃棄物処理施設の維持管理の状況に関する情報が公表されている場合には、当該情報により、当該産業

> 廃棄物の処理が適正に行われていることを間接的に確認する方法も考えられること。

出典：環境省通知
　　　http://www.env.go.jp/hourei/add/k031.pdf

　つまり、法第12条 7 項の「確認」には、「実地確認」も含まれると解釈しているのです。ただし、この解釈についてはさすがに無理があるのではないかという意見も少なくありません（とはいえ、この解釈提示後、実地確認の社内ルール化に踏み切る企業が増えたと思われます）。

　これに対して、愛知県廃棄物適正処理条例の場合は、（他の方法を示しているにせよ）実地確認を条文に明示しているので、その意味は大きいと言えるでしょう。

各地に林立する実地確認制度

　愛知県のような実地確認を含む「確認」を明記した条例規制は、少なくありません。筆者が把握しているだけでも、次のような地方自治体が様々な確認制度を定めています。少なくてもこれらの自治体の区域に排出事業所がある場合は、各自治体の条例を確認し、対応方法を検討するとよいでしょう。

廃棄物対策条例で実地確認制度等を導入する自治体の例

静岡県　岐阜県
石川県(努力義務)
愛知県
名古屋市(初回のみ)
三重県

北海道　岩手県
宮城県　福島県
　　　　(要綱)

相模原市(努力義務)
新潟県(電話可)
茨城県(告示)
長野県(例示)

広島県(一方法)
山口県(初回のみ)
香川県(要綱)
熊本県(「確認」義務)

[備考] 福岡県（「必要に応じて」実地確認義務）は廃止

都道府県における廃棄物対策の規制

　実地確認義務を含めて、都道府県・政令市の廃棄物規制には注意すべきものがあります。各地の規制の全体像をまとめると、次のようになります。

都道府県・政令市の廃棄物規制の例

義務内容	廃棄物処理法との違い
①産業廃棄物管理責任者の選任義務	法には無い（特別管理産業廃棄物管理責任者には選任義務あり）
②特別管理産業廃棄物管理責任者の届出義務	法は選任のみ義務付け
③産業廃棄物処理場等への実地確認義務	法は注意義務規定中に「確認」を位置付け

④多量排出事業者の計画提出義務	法よりも対象を裾下げ
⑤大規模な排出事業者や処理業者等に報告義務、公表（東京都制度）	法にはない
⑥発生場所以外の保管の届出義務	法の対象（建設産廃の一定規模以上の保管）以外も対象へ
⑦自社処理規制（マニフェスト交付、搬入時間制限等）	法にはない
⑧小規模な産業廃棄物処理施設の届出義務	法にはない
⑨区域外からの産業廃棄物搬入の事前協議義務	法にはない
⑩区域内で処理する場合に課税（産業廃棄物処理税）	法にはない
⑪産業廃棄物処理施設設置の合意形成手続義務	法にはない

プラスチック資源循環推進条例

　近年、海洋プラスチックごみ問題や廃プラスチックの輸出規制など、プラスチックを巡る諸問題が噴出し、プラスチック資源循環が大きな社会課題となっています。

　国は、2019年5月、「3R＋Renewable（再生可能資源への代替）」を原則としたプラスチック資源循環を総合的に推進するための戦略である**「プラスチック資源循環戦略」**を策定しました。

　こうした中、2020年3月、栃木県は**栃木県プラスチック資源循環推進条例**を制定しました。次の図表の通り、プラスチック資源循環の推進に関する県の責務等を明らかにするとともに、施策の基本事項を定めました。

栃木県プラスチック資源循環推進条例の概要

令和2年3月9日制定　・　令和2年3月10日施行

前　文

　資源の大量消費が気候変動などを地球規模で引き起こしており、とりわけ、プラスチックに関しては、いわゆるマイクロプラスチックなどの海洋ごみが生態系に大きな影響を与えるリスクが懸念されている。今こそ使い捨て型の大量消費社会から循環型社会への大胆な移行が必要であり、プラスチックの持つ高度な機能を尊重しつつ、プラスチックとの上手な付き合い方を探求し、持続可能な社会の実現に向けた新たな一歩を踏み出していかなければならない。

　ここに、プラスチックが資源として適正に循環する体制を築き、持続可能な循環型社会を実現することを決意し、この条例を制定する。

第1章　総則（第1条〜第6条）

【目的（第1条）】
　栃木県環境基本条例第3条の基本理念にのっとり、プラスチック資源循環の推進に関する施策を総合的かつ計画的に推進し、もって循環型社会の形成並びに県民の健康の保持及び増進に寄与する。

【県の責務（第3条）】
○施策の総合的な策定・実施

【県民の責務（第5条）】
○廃プラスチック類等の発生抑制
○循環的な利用の促進

【事業者の責務（第4条）】
○廃プラスチック類等の発生抑制措置
○循環資源の適正利用・適正処分

【市町村との連携等（第6条）】
○市町村との連携・協力
○助言・情報の提供

第2章　基本的な指針（第7条）

　知事は、プラスチック資源循環の推進に関する基本的な指針を定めるものとする

第3章　基本的施策（第8条〜15条）

【廃プラスチックの類等発生の抑制（第8条）】

【廃プラスチック類等の循環的な利用の促進等（第9条）】

【廃プラスチック類等の適正な処分（第10条）】

【教育及び学習の振興等（第11条）】

【研究及び技術開発に対する支援（第12条）】

【産業の振興（第13条）】

【推進体制の整備（第14条）】

【財政上の措置（第15条）】

出典：栃木県「『栃木県プラスチック資源循環推進条例』が成立しました。」より
http://www.pref.tochigi.lg.jp/p01/documents/plastic_gaiyou.pdf

4 ｜ 市町村条例の廃棄物対策

責務規定が多い市町村条例

　市町村条例の例として、東京23区の港区条例を見てみましょう。

　港区には、「港区廃棄物の処理及び再利用に関する条例」がありま
す。この条例は、市区町村条例でよく見られる条文がいくつも出てき
ます。その概要は、次の通りです。

港区条例の概要

対象		対策
事業系廃棄物対策	事業者	(1)　事業系廃棄物を減量する（15条） (2)　発生抑制や適正包装などの措置を講ずるよう努める（努力義務）（18条） (3)　事業系廃棄物を適正に処理する（9条） (4)　再生・破砕・圧縮・焼却・油水分離・脱水などの中間処理を行って事業系廃棄物の減量を図る（27条） (5)　適正処理のための技術開発を図る（28条） (6)　製造・販売する物が再利用しやすいかどうか自己評価を行う（17条）
建築物への規制	事業用大規模建築物（事業用の床面積の合計が1000平方メートル以上の建築物）の所有者等（19条、規則4条）	(1)　建築物から排出される事業系一般廃棄物を減量する（19条） (2)　廃棄物管理責任者を選任し、届け出る（19条、規則5条） (3)　再利用に関する計画を作成し、計画書を提出する（19条、規則6条） (4)　再利用の対象となる物の保管場所を設置する（努力義務）（19条、規則7条） (5)　事業系一般廃棄物の占有者は、建築物の所有者に協力する（19条）

		(6)　事業用大規模建築物の建築主は再利用対象物の保管場所を設置し、事前に届け出る（19条、規則 7 条、規則 8 条） (7)　適正処理困難物の発生を抑制する（30条） (8)　事業系一般廃棄物を自ら処理するときは、区規則で定める処理基準に従う（40条）

　上の図表は、大きく 2 つの行に分かれています。このうち、 1 つ目の「事業系廃棄物対策」を見ると、様々な事項が書かれていますが、いずれも一般的な事業者の責務的な規定が続きます。

　実は、市町村の条例では、こうした責務的な条文が数多く見られます。これら条文について、自社が管理対象とすべき条文とするかどうかは、義務規定とは言えないので、各社の判断の範疇だと思われます。

大規模建築物への規制

　一方、 2 つ目の「建築物への規制」は、管理対象とすべき規制です。

　事業用大規模建築物の所有者等に対して、廃棄物管理責任者を選任し、届け出る義務や、再利用に関する計画を作成し、提出する義務などがあるからです。

　こうした大規模な建物や大量に一般廃棄物を排出する事業者に対して、廃棄物管理責任者の選任・届出や減量等の計画の作成・提出義務を課している市区町村は少なくないので十分注意が必要です。

レジ袋禁止条例

　容器包装リサイクル法関連省令が改正され、2020年 7 月から、プラ

スチック製のレジ袋の有料化が義務化されました。小売店において、これまで無料で配布されていたために、その衝撃はそれなりにあったようですが、地方自治体の中には、その規制を大きく上回り、レジ袋配布の禁止に踏み込む自治体も登場しています。

　京都府亀岡市では、**「亀岡市プラスチック製レジ袋の提供禁止に関する条例」** を制定し（2020年3月）、大きな注目を集めています。

　この条例では、次のような条文を設けています。

亀岡市条例のレジ袋提供禁止規定

（事業者の責務）
第5条 事業者は、事業所等においてプラスチック製レジ袋を有償又は無償で提供してはならない。

　2　事業者は、事業所等において生分解性の袋を無償で提供してはならない。

　3　事業者は、使い捨てプラスチックごみの削減に努めなければならない。

　第5条1項及び2項に違反した場合、市長は、その是正のために必要な措置を講ずるよう勧告することができます。また、市長は、事業者が正当な理由なく市の立入調査を拒否等した場合や勧告に従わないときは、その旨を公表することができます（第12条、第13条）。

　本条例は2021年1月から段階的に施行されます。

第6章　化学物質・危険物

1 ｜ 国の化学物質等の法令

　国の化学物質・危険物に関連する法令には様々なものがあります。

　「化学物質の審査及び製造等の規制に関する法律」（化審法）では、新規に製造・輸入する化学物質については審査を行い、その後も、一定量以上の製造・輸入の届出等を義務付けています。さらに化学物質の性状等に応じて化学物質を分類し、製造・輸入数量の把握、有害性調査指示、製造・輸入許可、使用制限等の義務を課しています。

　「特定化学物質の環境への排出量の把握等及び管理の改善の促進に関する法律」（化管法）は、ＰＲＴＲ制度とＳＤＳ制度から成り、事業者による化学物質の自主的な管理の改善を促進し、環境の保全上の支障を未然に防止することを目的としています。

　ＰＲＴＲ制度とは、対象化学物質の排出・移動量について事業者が国に届出を行い、国等がその集計データを公表等するというものです。一方、**ＳＤＳ制度**とは、対象化学物質等を他の事業者に譲渡・提供する際には、危険有害性情報を伝達するというものです。

　これら以外にも、毒物や劇物を取り扱う場合は**「毒物及び劇物取締法」（毒劇法）**が、危険物を取り扱う場合は消防法があります。また、化学物質を取り扱う労働者の健康や安全確保の観点からは、**労働安全衛生法**の適用も受けます。

2 条例における化学物質対策

条例の化学物質管理制度等

　このように国の化学物質等の関連法令は多岐にわたります。一方、地方自治体の条例における化学物質等の規制を見てみると、一般の企業が注意すべき独自規制を定めている分野としては、国の化管法や消防法に関連するものに絞られてくるように思われます。まずは、化管法に関連する独自規制を見てみましょう。

　国が2020年 6 月に実施した調査によれば、次の通り、独自の化学物質管理制度・指針等を制定している自治体があります。

独自の化学物質管理制度・指針等を制定している自治体

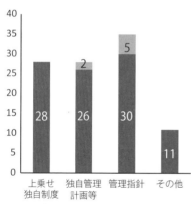

- **宮城県**：「宮城県化学物質適正管理指針」（平成20年 3 月策定）を平成30年に改正
- **埼玉県**：「特定化学物質等取扱事業者が特定化学物質等を適正に管理するために取り組むべき措置に関する指針」（平成14年制定）を平成27年に改正
- **東京都**：「東京都化学物質適正管理指針」（平成13年施行、平成25年改正）を水害に係る化学物質対策を考慮して令和 3 年に改正・施行予定
- **神奈川県**：「化学物質の適正な管理に関する指針」（平成17年制定）を今年度改正、令和 2 年中に施行予定

※所属する都道府県の策定した管理指針の状況について回答した市町村もあったことから、実際に管理指針として改正されたものは上記 4 件であった

化学物質管理に係る制度の制定・改定状況

自治体名	ア 上乗せの独自制度	①届出項目	②対象事業者	③対象化学物質	イ 独自管理計画等	ウ 管理指針	エ その他の制度	オ 化管法対象物質の見直しを踏まえた条例等の見直し、改正の予定
	改正あり 0	あり	あり	あり	改正あり 2	改正あり 5	改正あり 0	あり
	改正なし 28	14	4	11	改正なし 26	改正なし 30	改正なし 11	7
	制度なし 82	なし	なし	なし	計画なし 81	指針なし 74	制度なし 96	なし
		44	54	47		0	0	98
北海道	制度なし				計画なし	指針なし	制度なし	なし
札幌市	改正なし	あり	あり	なし	改正なし	改正なし	制度なし	あり
青森県	制度なし				計画なし	指針なし	制度なし	なし
岩手県	制度なし				計画なし	指針なし	制度なし	なし
宮古市	制度なし	なし	なし	なし	計画なし	指針なし	制度なし	なし
花巻市	制度なし	なし	なし	なし	計画なし	指針なし	制度なし	なし
北上市	制度なし				計画なし	指針なし	制度なし	なし
宮城県	制度なし	なし	なし	なし	計画なし	改正あり	制度なし	なし
仙台市	制度なし	なし	なし	なし	計画なし	指針なし	制度なし	なし
秋田県	制度なし	なし	なし	なし	計画なし	指針なし	制度なし	なし
山形県	制度なし	なし	なし	なし	計画なし	指針なし	制度なし	なし
福島県	改正なし				計画なし	改正なし	制度なし	なし
茨城県	制度なし	なし	なし	なし	改正なし	改正なし	改正なし	なし
古河市	制度なし	なし	なし	なし	計画なし	指針なし	制度なし	なし
笠間市	制度なし				計画なし	指針なし	制度なし	なし
栃木県	制度なし				計画なし	指針なし	制度なし	なし
宇都宮市	制度なし				計画なし	指針なし	制度なし	
群馬県	改正なし				改正なし	改正なし	改正なし	なし
高崎市	制度なし	なし	なし	なし	改正あり	指針なし	制度なし	なし
埼玉県	改正なし				改正なし	改正あり	制度なし	あり
さいたま市	改正なし	あり	あり	あり	改正なし	改正なし	制度なし	あり
川越市	制度なし	なし	なし	なし	計画なし	指針なし	制度なし	なし
所沢市	改正なし				改正あり	改正あり	制度なし	なし
川口市	制度なし	なし	なし	なし	計画なし	指針なし	制度なし	なし
越谷市	制度なし	なし	なし	なし	計画なし	指針なし	制度なし	なし
千葉県	制度なし	なし	なし	なし	計画なし	改正なし	制度なし	なし
千葉市	制度なし				計画なし	指針なし	制度なし	なし
東京都	改正なし	あり	あり	あり	改正なし	改正あり	制度なし	なし

神奈川県	改正なし	あり	なし	なし	改正なし	改正あり	改正なし	なし
横浜市	制度なし	なし	なし	なし	計画なし	改正なし	制度なし	なし
川崎市	制度なし	なし	なし	なし	計画なし	改正なし	制度なし	なし
相模原市	改正なし				改正なし	改正なし	改正なし	なし
新潟県	制度なし	なし	なし	なし	計画なし	指針なし	制度なし	なし
新潟市	制度なし	なし	なし	なし	計画なし	指針なし	制度なし	なし
富山県	制度なし	なし	なし	なし	改正なし	改正なし	改正なし	なし
富山市	制度なし				計画なし	指針なし	制度なし	
石川県	改正なし	あり	なし	なし	計画なし	指針なし	制度なし	なし
福井県	制度なし				計画なし	指針なし	制度なし	なし
山梨県	制度なし	なし	なし	なし	計画なし	指針なし	制度なし	なし
長野県	制度なし	なし	なし	なし	計画なし	指針なし	制度なし	なし
長野市	制度なし				計画なし	指針なし	制度なし	なし
岐阜県	制度なし	なし	なし	なし	計画なし	改正なし	制度なし	なし
静岡県	制度なし	なし	なし	なし	計画なし	指針なし	制度なし	なし
静岡市	制度なし				計画なし	指針なし	制度なし	なし
浜松市	制度なし				計画なし	指針なし	制度なし	なし
愛知県	改正なし				改正なし	改正なし	制度なし	あり
名古屋市	改正なし				改正なし	改正なし	改正なし	あり
豊橋市	改正なし	あり	あり	あり	改正なし	改正なし	制度なし	なし
岡崎市	制度なし				計画なし	改正なし	制度なし	なし
豊田市	制度なし				計画なし	指針なし	制度なし	なし
三重県	制度なし				計画なし	指針なし	制度なし	なし
滋賀県	制度なし	なし	なし	なし	計画なし	指針なし	制度なし	なし
京都府	制度なし	なし	なし	なし	改正なし	改正なし	制度なし	なし
京都市	制度なし				計画なし	指針なし	制度なし	
大阪府	改正なし	あり	なし	あり	改正なし	改正なし		あり
大阪市	改正なし	あり	なし	あり				
堺市	制度なし	なし	なし	なし	計画なし	指針なし	制度なし	なし
池田市	制度なし				計画なし	指針なし	制度なし	なし
箕面市	制度なし				計画なし	指針なし	制度なし	なし
豊能郡豊能町	制度なし				計画なし	指針なし	制度なし	なし
豊能郡能勢町	制度なし				計画なし	指針なし	制度なし	なし
高槻市	改正なし	あり	なし	あり	改正なし	改正なし	制度なし	なし
茨木市	改正なし				改正なし	改正なし	改正なし	なし
阪南市								
富田林市	改正なし	あり	なし	あり	改正なし	改正なし	改正なし	なし
河内長野市	改正なし	あり	なし	あり	改正なし	改正なし	改正なし	なし

大阪狭山市	改正なし	あり	なし	あり	改正なし	改正なし	改正なし	なし
南河内郡太子町	改正なし	あり	なし	あり	改正なし	改正なし	改正なし	なし
南河内郡河南町	改正なし	あり	なし	あり	改正なし	改正なし	改正なし	なし
南河内郡千早赤阪村	改正なし	あり	なし	あり	改正なし	改正なし	改正なし	なし
泉大津市	改正なし				改正なし	改正なし	改正なし	なし
泉北郡忠岡町	制度なし	なし	なし	なし	計画なし	指針なし	制度なし	なし
豊中市	制度なし				計画なし	指針なし	制度なし	なし
吹田市	制度なし				計画なし	指針なし	制度なし	なし
松原市	改正なし				改正なし	改正なし	改正なし	なし
八尾市	制度なし	なし	なし	なし	計画なし	指針なし	制度なし	なし
岸和田市	改正なし	なし	なし	なし	改正なし	改正なし	改正なし	なし
貝塚市	改正なし				改正なし	改正なし	改正なし	なし
東大阪市	制度なし							
枚方市	改正なし	あり	なし	あり	改正なし	改正なし		
泉佐野市	制度なし	なし	なし	なし	計画なし	指針なし	制度なし	なし
兵庫県	制度なし	なし	なし	なし	改正なし	改正なし	改正なし	なし
神戸市	制度なし	なし	なし	なし	計画なし	指針なし	制度なし	なし
奈良県	制度なし	なし	なし	なし	改正なし	改正なし	改正なし	なし
和歌山県	制度なし				計画なし	指針なし	制度なし	なし
鳥取県	制度なし	なし	なし	なし	計画なし	指針なし	制度なし	なし
島根県	制度なし				計画なし	指針なし	制度なし	なし
岡山県	制度なし	なし	なし	なし	計画なし	指針なし	制度なし	なし
岡山市	制度なし				計画なし	指針なし	制度なし	なし
倉敷市	制度なし				計画なし	指針なし	制度なし	なし
新見市	制度なし	なし	なし	なし	計画なし	指針なし	制度なし	なし
広島県	制度なし				改正なし	改正なし	改正なし	なし
広島市	制度なし				計画なし	指針なし	制度なし	なし
呉市	制度なし	なし	なし	なし	計画なし	指針なし	制度なし	なし
福山市	制度なし	なし	なし	なし	計画なし	指針なし	制度なし	なし
山口県	制度なし	なし	なし	なし	計画なし	指針なし	制度なし	なし
萩市	制度なし				計画なし	指針なし	制度なし	なし
徳島県	改正なし				改正なし	改正なし	改正なし	あり
香川県	制度なし				改正なし	指針なし	制度なし	なし
愛媛県	制度なし				計画なし	指針なし	制度なし	なし
高知県	制度なし	なし	なし	なし	計画なし	指針なし	制度なし	なし
福岡県	制度なし				計画なし	指針なし	制度なし	なし
北九州市								
福岡市	制度なし				計画なし	指針なし	制度なし	なし

佐賀県	制度なし	なし	なし	なし	計画なし	指針なし	制度なし	なし
長崎県								
熊本県	制度なし				計画なし	指針なし	改正なし	なし
熊本市	制度なし				計画なし	指針なし	制度なし	なし
大分県	制度なし				計画なし	指針なし	制度なし	なし
宮崎県	制度なし				計画なし	指針なし	制度なし	なし
宮崎市	制度なし	なし	なし	なし	計画なし	指針なし	制度なし	なし
鹿児島県	制度なし	なし	なし	なし	改正なし	改正なし	改正なし	なし
鹿児島市	制度なし	なし	なし	なし	改正なし	改正なし	改正なし	なし
沖縄県	制度なし	なし	なし	なし	計画なし	指針なし	制度なし	なし

出典：環境省「化学物質管理に係る最近の動向について」より抜粋
https://www.env.go.jp/council/05hoken/y050-44/mat06.pdf

徳島県の独自規制

　ここで、**徳島県生活環境保全条例**を例に、条例の化学物質規制を見てみましょう。

　徳島県生活環境保全条例には、次の通り、化学物質管理の条文があります。

徳島県生活環境保全条例における化学物質管理

第七節　指定化学物質の適正な管理
（指定化学物質適正管理指針の策定等）

第93条　知事は、化学物質（放射性物質を除く元素及び化合物をいう。以下この項において同じ。）による環境への負荷の低減に資するため、知事が指定する化学物質（以下この条において「指定化学物質」という。）を業として取り扱う者が指定化学物質を適正に管理するために講ずべき措置に関する指針（以下この条において「指定化学物質適正管理指針」という。）を定めるものとする。

2　知事は、指定化学物質適正管理指針を定め、又は変更したときは、遅滞なく、これを公表しなければならない。

3　指定化学物質又は指定化学物質を含有する製品を業として取り扱う者は、指定化学物質適正管理指針に留意して、指定化学物質の製造、使用

その他取扱いに係る管理を適正に行うよう努めなければならない。

（指定化学物質の取扱量の把握等）

第94条　指定化学物質等（特定化学物質の環境への排出量の把握等及び管理の改善の促進に関する法律（平成11年法律第86号）第 2 条第 5 項第 1 号に規定する第一種指定化学物質等をいう。次項において同じ。）を業として取り扱う者で、規則で定める事業所（以下この条において「指定化学物質等取扱事業所」という。）を有していることその他規則で定める要件に該当するものは、その事業活動に伴う指定化学物質（同法第 2 条第 2 項に規定する第一種指定化学物質をいう。以下この条において同じ。）の取扱量を、規則で定めるところにより、指定化学物質及び指定化学物質等取扱事業所ごとに把握しなければならない。

2　前項の規定により指定化学物質の取扱量を把握しなければならない指定化学物質等を業として取り扱う者は、指定化学物質及び指定化学物質等取扱事業所ごとに、毎年度、同項の規定により把握される前年度の指定化学物質の取扱量に関し、規則で定める事項を知事に報告しなければならない。

　本条例で定める「指定化学物質」は、化管法の第一種指定化学物質です。

　第93条に基づき、県では、指定化学物質適正管理指針を定めています（2005年制定、2010年改正）。この指針では、指定化学物質を取り扱う事業所ごとに管理計画を策定し、責任者等の管理体制を整備し、作業要領を策定することを求め、さらに、これら計画等を周知徹底し、計画的に管理を進めることを求めています。

　また、次の項目の規定もあります。

・指定化学物質の適正管理のための情報の収集、整理等

・管理対策の実施

・指定化学物質の取扱いに関する県民の理解の増進に関する事項

・災害、事故、過失等による漏えい等の防止に関する事項

・ISO14001による環境管理システム等との関係

第94条では、ＰＲＴＲ制度に基づく届出の対象となっている事業所に対して、指定化学物質及び指定化学物質等取扱事業所ごとに、指定化学物質の取扱量を把握し、毎年、前年度の把握分を知事に報告しなければならないと定めています（ただし、廃棄物処理施設などの特別要件施設を設置し、ＰＲＴＲ制度以外の他法令に基づく測定対象の化学物質についてのみ届出している事業所は除く）。

化管法のＰＲＴＲ制度においても、主に上記事業者に対して毎年報告を求めていますが、それはあくまでも対象化学物質の排出量や移動量に限定されています。徳島県では、それに加えて、本条例によって取扱量も集計して届け出るように求めているのです。

3 消防法と火災予防条例

消防法と条例

消防法では、指定数量以上の危険物について、その製造所、貯蔵所又は取扱所の設置を許可制にするなど、厳しい規制措置を講じています。

一方、同法には、次の規定もあります。

消防法の少量危険物・指定可燃物の条文

第9条の4　危険物についてその危険性を勘案して政令で定める数量（以下「指定数量」という。）未満の危険物及びわら製品、木毛その他の物品で火災が発生した場合にその拡大が速やかであり、又は消火の活動が著しく困難となるものとして政令で定めるもの（以下「指定可燃物」という。）その他指定可燃物に類する物品の貯蔵及び取扱いの技術上の基準は、市町村条例でこれを定める。

> **2**　指定数量未満の危険物及び指定可燃物その他指定可燃物に類する物品を貯蔵し、又は取り扱う場所の位置、構造及び設備の技術上の基準（第17条第1項の消防用設備等の技術上の基準を除く。）は、市町村条例で定める。

　つまり、少量危険物と指定可燃物等の取扱い等の基準については、市町村条例で定めることとしています。具体的には、火災予防条例で定めるということです。

　全国の市町村等に火災予防条例がありますが、この消防法の規定を受けた条文を整備しています。基本的には、どの市町村等の条例の内容も似通ってはいるものののの、微妙に異なることもあるので、不明な場合は所轄の消防署に確認することも必要となります。

　例えば、長野市では、長野市火災予防条例により、次の通り、少量危険物及び指定可燃物の貯蔵・取扱いの届出制度があります。

長野市火災予防条例における少量危険物・指定可燃物の届出制度

> **■少量危険物の貯蔵・取扱いの届出について**
> 　少量危険物を貯蔵または取り扱う場合には事前に届出をいただき、貯蔵等の状況が法令の基準に適合しているかの審査を受けなければなりません。（火災予防条例第46条第1項及び第2項関係）
> 　また、貯蔵または取扱いを廃止する場合にも廃止の届出が必要です。
>
> **・少量危険物とは**
> 　消防法では、重油、灯油、ガソリンなど火災発生の危険性が大きく、または、発生した場合に火災の拡大が速やかなもの、消火が難しいものを「危険物」として定めています。それぞれの物質の性質及び品名によって定められた「指定数量」（危険物の規制に関する政令別表第3に定められています。）の5分の1以上指定数量未満の危険物を「少量危

145

険物」といい、各市町村の火災予防条例にて規制を行っています。

・ガソリンなどの指定数量

類別	品名	性質	物品名例	指定数量	指定数量の5分の1
第4類	第1石油類	非水溶性液体	ガソリン	200L	40L
	第2石油類	非水溶性液体	灯油・軽油	1,000L	200L
	第3石油類	非水溶性液体	重油	2,000L	400L

■指定可燃物の貯蔵・取扱いの届出について

　指定可燃物（下表を参照）を貯蔵または取り扱い、届出が必要な数量を貯蔵または取り扱う場合は、事前に消防署長に届出を行ってください。届出が必要な数量に達していない場合でも、条例の規定に基づき火災予防上必要な対応が必要となります。（火災予防条例第46条第1号及び第2号関係）

品名	数量	届出が必要な数量	具体的な品名（例）
綿花類	200キログラム	1,000キログラム以上	製糸工程前の原毛、羽毛
木毛及びかんなくず	400キログラム	2,000キログラム以上	椰子の実繊維、製材中に出るかんなくず
ぼろ及び紙くず	1,000キログラム	5,000キログラム以上	使用していない衣服、古新聞、古雑誌
糸類	1,000キログラム	5,000キログラム以上	綿糸、麻糸、化学繊維糸、生糸
わら類	1,000キログラム	5,000キログラム以上	乾燥わら、乾燥い草
再生資源燃料	1,000キログラム		廃棄物固形化燃料（Rdf 等）
可燃性固体類	3,000キログラム		石油アスファルト、クレゾール

石炭・木炭類	10,000キログラム	50,000キログラム以上	練炭、豆炭、コークス
可燃性液体類	2立方メートル	10立方メートル以上	潤滑油、自動車用グリス
木材加工品及び木くず	10立方メートル	50立方メートル以上	家具類、建築廃材
合成樹脂 発泡させたもの	20立方メートル		発泡ウレタン、発泡スチロール、断熱材
合成樹脂 その他のもの	3,000キログラム		ゴムタイヤ、天然ゴム、合成ゴム

出典：長野市「火災予防条例に関する届出について」より
https://www.city.nagano.nagano.jp/site/syoubou/4646.html

第7章　自然環境・生物多様性

1 自然環境等に関連する国の法令と条例

　自然環境や生物多様性の保全に関連する国の法令も数多くあります。

　優れた自然環境を保全することなどを目的に、エリアを設定し、その保全や利用等を定めた、**自然環境保全法**や**自然公園法**。鳥獣の保護・管理等を担う**「鳥獣の保護及び管理並びに狩猟の適正化に関する法律」（鳥獣保護管理法）**。希少な野生動植物種の保全をする**「絶滅のおそれのある野生動植物の種の保存に関する法律」（種の保存法）**。外来生物を規制する**「特定外来生物による生態系等に係る被害の防止に関する法律」（外来生物法）**。このように、自然環境や生物多様性の保全に直接つながる法令が多くあります。

　それだけではありません。土地や建物に規制を行い、結果として環境保全につながる法令もあります。大規模な工場の立地を規制し、緑地等の確保を行う**工場立地法**や、街の景観保全を担う**景観法**、大規模開発に対して環境アセスメントを行う**環境影響評価法**などが挙げられます。

　本分野における地方自治体の関連条例も多数にのぼります。

　国の自然環境保全法や自然公園法では、各都道府県に対して、条例によって、都道府県自然環境保全地域や都道府県自然公園を指定し、規制措置等を講じることを認めているので、その関連条例が各地にあります。

　これらエリアで建設作業等を行うことがある事業者にとっては管理対象とすべき条例となるでしょう。

　例えば、新潟県には、新潟県自然環境保全条例や新潟県立自然公園条例があります。このうち、自然公園条例を見てみると、県立自然公園における開発行為などが規制されています。規制行為を行うときには、県知事又は市町村長への許可申請又は届出の手続きが必要となります。同県には、国の自然公園法に基づき、国立公園や国定公園がありますが、自然公園法の規制と自然公園条例の規制が一体化し、自然景観の保護をしているのです。

　規制行為の全体像は、次の図表の通りです。他の都道府県においても概ね同様の規制体系になっていると思われます。

新潟県における自然公園法及び自然公園条例による規制対象行為

○特別地域、特別保護地区、海中公園地区で許可を要する行為等

地域区分	行為の種類	国立公園・国定公園		県立自然公園	
		許可申請様式	届出様式	許可申請様式	届出様式
特別地域	特別地域内における許可申請は、右の様式1 (1)〜(16)	様式1 (1)〜(16)	○行為着手済届出書 様式3 (1)	第1号 (1)〜(14)	○行為着手済届出書 第1号の2 (1)〜(14)
	①工作物（住宅、道路等）の新改増築等	様式1 (1)		第1号 (1)	
	②木竹の伐採	様式1 (2)		第1号 (2)	
	③高山植物等の採取	様式1 (3)		第1号 (10)	
	④鉱物や土石の採取	様式1 (4)		第1号 (3)	
	⑤河川、湖沼の水位・数量の増減	様式1 (5)	○非常災害応急措置届出書 様式3 (2)	第1号 (4)	○非常災害応急措置届出書 第1号の3
	⑥指定湖沼への汚水等の排出	様式1 (6)		第1号 (5)	
	⑦広告物の設置等	様式1 (7)		第1号 (6)	
	⑧物の集積、貯蔵	様式1 (8)		第1号 (7)	
	⑨水面の埋立等	様式1 (9)		第1号 (8)	

	⑩土地の形状変更	様式 1 ⑽	○行為届出書 様式 3 (3)	第 1 号(9)
	⑪植物の植栽等	様式 1 ⑾		◹
	⑫動物の捕獲等	様式 1 ⑿		第 1 号(11)
	⑬動物の放出等	様式 1 ⒀		◹
	⑭屋根、壁面等の色彩の変更	様式 1 ⒁		第 1 号(12)
	⑮指定区域内への立入り	様式 1 ⒂		第 1 号(13)
	⑯指定地域での車馬等の乗り入れ	様式 1 ⒃		第 1 号(14)
特別保護地区	①特別地域内において規制される行為（上記の16種類）	様式は特別地域と同一です 様式 1 (1)〜(16)	○行為着手済届出書 様式 3 (1) ○非常災害応急措置届出書 様式 3 (2)	該当なし
	②木竹の植栽	様式 1 ⒄		
	③火入れ、たき火	様式 1 ⒅		
海域公園地区	①工作物の新築、改築、増築	様式は特別地域と同一です	○行為着手済届出書 様式 3 (1) ○非常災害応急措置届出書 様式 3 (2)	該当なし
	②鉱物や土石の採取			
	③汚水等の排出			
	④広告物の設置等			
	⑤水面の埋立、干拓			
	⑥海底の形状変更			
	⑦指定地域での動力船等の乗り入れ			
	⑧動植物の捕獲、採取	様式 1 ⒆		
	⑨物の係留	様式 1 ⒇		

※国立公園の許可申請のうち、高さ13m以下で水平投影面積1,000㎡以下の工作物の新築・増築・改築、物類の設置・表示、工作物等の色彩の変更などは、国から委託を受け県が許可事務を行っていますが、国立公園の自然公園法に係わる手続き等詳細については、環境省にお問い合わせください。

○普通地域内において届出を要する行為等

地域区分	行為の種類	国立公園・国定公園	県立自然公園
		届出様式	届出様式
普通地域	①一定規模以上の工作物の新築、改築、増築	○行為届出書 様式 4	○行為届出書 第 1 号の 5
	②特別地域内の河川、湖沼の水位・水量に増減を及ぼす		
	③広告物の設置等		
	④水面の埋立等		
	⑤鉱物や土石の採取		
	⑥土地の形状変更		
	⑦海底の形状変更		該当なし

※届出を要する一定規模以上の工作物とは、次の基準を超えるものです。
　建築物（高さ13m又は延面積1,000㎡）、送水管（長さ70m）、鉄塔（高さ30m）、ダム（高さ20m）、別荘地の用に供する道路（幅員 2 m）などです。
出典：新潟県「自然公園区域及び規制対象行為について」
　　　https://www.pref.niigata.lg.jp/uploaded/attachment/51496.pdf

　また、環境影響評価法の対象とする開発よりも規模の小さなものなどに環境アセスメントの実施を義務付ける環境影響評価条例も各地にあるので、それに関連する事業者にとっては留意すべきです。

2 | 工場立地対策

　自然環境・生物多様性の分野において、主に工場や事業所において操業する事業者にとって関連深い条例としては、工場立地法に関連した条例等と思われます。

　前述の通り、工場立地法では、所定の工場に対して、一定の比率の緑地等の確保を義務付けています。この緑地の面積率について、近年、市に権限が移譲されたことに伴い、関連条例の制定がいくつか見

られます。

　例えば、栃木県真岡市では、次のような**真岡市工場立地法準則条例**があります。

真岡市工場立地法準則条例の概要

対象		概要
対象区域並びに緑地・環境施設の割合（3条）	工業専用地域、大和田産業団地	緑地面積率：5％以上 環境施設面積率：10％以上
他の施設と重複する緑地の算入（4条）	建築物の屋上緑地、緑化駐車場、壁面緑化など	敷地面積に緑地面積率を乗じて得た面積の50％を超えて緑地面積率の算定に用いる緑地の面積に算入することが出来ない。
敷地が他の区域にわたる場合の適用（5条）		特定工場の敷地が第3条に規定する区域以外の区域にわたる場合における同条の規定の適用については、当該特定工場の敷地に占めるそれぞれの区域の割合（以下「敷地割合」という。）に基づき、対象区域の敷地割合が高いときは同条の規定を適用し、他の区域の敷地割合が高いときには同条の規定を当該特定工場の敷地の全部に適用しない。

3 ｜ 生物多様性保全策

相模原市生物多様性条例

　最近では、生物多様性保全を銘打った条例が相次いでいます。

　そのうちの1つ、相模原市の**「相模原市生物多様性に配慮した自然との共生に関する条例」**を取り上げてみましょう。

　相模原市では、従来からみどりや自然環境の保全を目的とした条例

が複数ありましたが、それらの規定を本条例に集約し、これをいわば
「生物多様性保全」のキーワードで統合したのです。

　条例の概要は、次の図表の通りです。

「相模原市生物多様性に配慮した自然との共生に関する条例」の概要

●**市・市民等・土地所有者等の責務**
　・自然環境・生物多様性の保全、再生及び活用に関する市・市民等・土
　　地所有者等の責務を定めています。

●**市の責務**
　・みどりの保全・再生や、生物多様性の保全利用のための基本的な施策
　　を策定、実施します。
　・みどりの保全・再生や、生物多様性の保全利用に関する普及啓発、保
　　全活動への支援を行います。
　・関係機関・団体との相互連携に努めます。

●**市民等、土地所有者等の責務**
　・みどりの保全・再生や、生物多様性の保全利用に努めます。
　・みどり・生物多様性の保全利用のための普及啓発、保全活動への支援
　　を行います。
　・関係機関・団体との相互連携に努めます。

●**自然環境の保全、再生及び活用に関する取組**
　◆管理緑地等の保全等
　　・市が管理する緑地や緑化施設を態様に応じて、総合的かつ計画的に
　　　管理します。
　　・市の管理に当たっては、市民、土地所有者等及び保全団体と協働す
　　　るよう努めます。
　◆保存樹林等の指定
　　・都市部の貴重な樹林地や樹木を必要に応じて保存樹林・保存樹木とし
　　　て指定します。
　　・指定した保存樹林等への支援を行います。
　◆緑化の推進
　　・市の公共施設の緑化の推進に努めます。
　　・民有地の緑化に必要な措置を講じ、民有地緑化を促進します。

●生物多様性の保全利用に関する取組
　◆生物多様性の保全利用
　　・生物多様性に関する理解の促進に努めます。
　　・生物の生息・生育環境、希少生物の保護や特定外来生物の防除に努めます。
　◆保全等活動認定団体の認定
　　・ホタル舞う水辺環境、里地里山の保全・再生に資する団体の認定を行います。
　　・その他の生物多様性の保全利用に資する団体の認定を行います。
　◆保全等活動区域の指定
　　・保全等活動認定団体が活動する区域を保全等活動区域として指定します。
　　・保全等活動区域における行為の制限を設けます。
●全体を通じた取組
　◆諸制度の活用
　　・みどりの保全・再生や、生物多様性の保全利用に資する制度の活用に努めます。
　◆保全団体への支援
　　・保全団体への情報提供や助言を行います。
　　・保全団体の活動を支援するために必要な措置を講じます。
　◆普及啓発等の促進
　　・緑地の保全や緑化の推進、生物多様性の保全等における人材の育成に努めます。
　　・市民や保全団体等の交流や連携の促進を図ります。
●その他の事項
　◆土地の立入り
　　・市の職員がみどりの区域や保全等活動区域の区域内で調査する場合があります。
　　・必要に応じて助言や指導を行う場合があります。
　　・市の職員が土地に立入るときは、身分証明書を携帯します。
　◆公表・勧告
　　・保全等活動区域内における行為の許可を受けずに制限の対象となる行為（生物の持去りや工作物の損傷、等）をしたものに対する勧告

や氏名等の公表を行います。

出典：相模原市「生物多様性に配慮した自然との共生に関する条例」
　　　https://www.city.sagamihara.kanagawa.jp/kurashi/kankyo/plan/1019780.html

神戸市生物多様性条例

　2017年に公布され、2018年に施行された**「神戸市生物多様性の保全
に関する条例」**も本分野で注目されている条例です。

　本条例のポイントは４つあります。１つ目は、希少野生動植物種及
び指定外来種の指定です。市内で捕獲等により絶滅が危惧される動植
物を「希少野生動植物種」として市が指定し、商用等を目的とした捕
獲・殺傷等が禁止されています（第６条、第７条）。

　また、生態系等に被害を及ぼしうる外来種を「指定外来種」として
市が指定し、野外への放出の禁止や販売業者の届出等を義務付けてい
ます（第11条～第13条）。

　２つ目が緑化における配慮規定です。この条文は、次の通りです。

神戸市生物多様性の保全に関する条例
（緑化における配慮）
第16条　市及び事業者は、緑地の造成その他の緑化に係る事業を行うとき
　　は、規則で定める植物種を使用しないよう努めなければならない。

神戸市生物多様性の保全に関する条例施行規則
（緑化における植物種の選定）
第９条　条例第16条に規定する規則で定める植物種は、別表第２に掲げる
　　種とする。

別表第２（第９条関係）

(1)　オオバヤシャブシ	(15)　ツルニチニチソウ
(2)　ハゴロモモ	(16)　マルバアサガオ
(3)　園芸スイレン	(17)　フサフジウツギ

⑷　タチバナモドキ	⒅　エフクレタヌキモ	
⑸　トキワサンザシ	⒆　ナガバオモダカ	
⑹　キダチコマツナギ	⒇　オオカナダモ	
⑺　ヤマハギ（神戸市外に生育するものに限る。）	㉑　コカナダモ	
⑻　メドハギ	㉒　ホテイアオイ	
	㉓　シナダレスズメガヤ	
⑼　マルバハギ（神戸市外に生育するものに限る。）	㉔　オニウシノケグサ	
	㉕　ネズミホソムギ	
⑽　ナンキンハゼ	㉖　ネズミムギ	
⑾　シンジュ	㉗　ホソムギ	
⑿　ウチワゼニクサ	㉘　ボウムギ	
⒀　トウネズミモチ	㉙　シュロガヤツリ	
⒁　セイヨウイボタ（ヨウシュイボタ）		

　これら植物種は、市の生態系や地域に固有の生物に影響を及ぼす主であり、「神戸版ブラックリスト」から選定されたということです。

　条例第16条は努力義務規定とはいえ、工場・事業場を持つ事業者は、緑化の際にこうした植物種を使用しないようすべきでしょう。

　3つ目は、開発事業に関する届出制度です。小規模な開発事業についても、条例に基づき、届出や適切な保全措置を実施する必要があります（第9条）。

　4つ目は、指定外来種の販売等の届出制度です。指定外来種（アカミミガメ）を販売するときは、あらかじめ届出等が義務付けられています（第13条）。

あとがき　〜さらに深く知りたい人のために

　環境条例についてさらに詳しく知りたい方に、参考図書等をご案内します。

○『自治体環境行政法（第8版）』（北村喜宣・第一法規・2018年）

　大学における環境条例のテキストの定番です。自治体環境行政法の理論はもちろん、各地の条例も多数紹介しており、（やや難しいかもしれませんが）企業担当者にとっても有用なはずです。

○『環境条例の制度と運用』（田中充編著・信山社・2015年）

　主に温暖化や廃棄物など、分野ごとに条例で定める制度と運用状況をまとめています。

○『企業と環境法　〜対応方法と課題』（安達宏之・法律情報出版・2018年）

　筆者がまとめたものです。環境条例を含む環境法令への対応方法と課題の提示に焦点を当てた図書となります。

○『eco BRAIN 環境条例 Navi Premium』（第一法規）

　環境条例のデータ提供サービスです（会員制）。環境条例の全体像や改正状況を体系的に知り、管理するサービスとして最も充実していると思います。各自治体の条例等がすぐに確認できることはもちろん、各自治体の規制のポイントが一覧化され、3カ月に1回更新されるため、対象自治体の条例の改正状況を簡単に把握することができます。

キーワード索引

著者紹介

安達 宏之 （あだち ひろゆき）

有限会社 洛思社 代表取締役／環境経営部門チーフディレクター。

2002年より、「企業向け環境法」「環境経営」をテーマに、洛思社にて環境コンサルタントとして活動。執筆、コンサルティング、審査、セミナー講師等を行う。

ほぼ毎週、全国の様々な企業等を訪問し（オンラインを含む）、環境法や環境マネジメントシステム（EMS）対応のアドバイスやシステム構築・運用に携わる。セミナーでは、2007年から、第一法規主催などの一般向けセミナーや個別企業のプライベートセミナーの講師を務める（現時点で総計546回）。

ISO14001主任審査員（日本規格協会ソリューションズ嘱託）、エコアクション21中央事務局参与・判定委員会委員・審査員、環境法令検定運営委員会委員。

上智大学法学部「企業活動と環境法コンプライアンス」非常勤講師、十文字学園女子大学「生物の多様性と倫理」非常勤講師なども務める。

著書に、『図解でわかる！環境法・条例 〜基本のキ 改訂版』（第一法規・2020年、『企業と環境法 〜対応方法と課題』（法律情報出版・2018年）、『生物多様性と倫理、社会』（法律情報出版・2020年）、『ISO環境法クイックガイド』（第一法規・共著・年度版）、『クイズで学ぶ環境コンプライアンス』（第一法規・共著・2012年）、『通知で納得！条文解説 廃棄物処理法』（第一法規・加除式）、『業務フロー図から読み解く ビジネス環境法』（レクシスネクシス・ジャパン・共著・2012年）などがある。

執筆記事に、「環境法令が基礎からわかる 〜環境法令検定に挑戦！」（『アイソス』システム規格社・2017年連載）、「企業の環境法対応の在り方」（『会社法務A2Z』第一法規・2015年5月）、「ISO14001改訂版と現行版との差分解説」（『標準化と品質管理』日本規格協会・2015年5月・共著）、「温暖化・エネルギー対策条例の動向と課題」（田中充編『地域からはじまる低炭素・エネルギー政策の実践』ぎょうせい・2014年）、「環境条例を読む」「東京都の環境規制」（『日経エコロジー』日経BP社・2008年連載）、「ISO14001改正のポイント」、「ここに注目！環境法」、「環境法こんなときどうする？」（以上、大栄環境グループウェブサイトにて連載）など多数。

サービス・インフォメーション
──通話無料──

①商品に関するご照会・お申込みのご依頼
　　　　　　TEL 0120 (203) 694／FAX 0120 (302) 640
②ご住所・ご名義等各種変更のご連絡
　　　　　　TEL 0120 (203) 696／FAX 0120 (202) 974
③請求・お支払いに関するご照会・ご要望
　　　　　　TEL 0120 (203) 695／FAX 0120 (202) 973

●フリーダイヤル(TEL)の受付時間は、土・日・祝日を除く
　9：00〜17：30です。
●FAXは24時間受け付けておりますので、あわせてご利用ください。

企業担当者のための環境条例の基礎
―調べ方のコツと規制のポイント―

2021年2月5日　初版発行

著　者　　安　達　宏　之

発行者　　田　中　英　弥

発行所　　第一法規株式会社
　　　　　〒107-8560　東京都港区南青山2-11-17
　　　　　ホームページ　https://www.daiichihoki.co.jp/

環境条例のコツ　ISBN978-4-474-07278-7　C2036 (5)